公共关系与商务礼仪

主　编　周　瑜
副主编　黄　灿　肖映红

北京理工大学出版社
BEIJING INSTITUTE OF TECHNOLOGY PRESS

版权专有　侵权必究

图书在版编目（CIP）数据

公共关系与商务礼仪／周瑜主编．－－北京：北京理工大学出版社，2022.9
　ISBN 978－7－5763－1725－1

Ⅰ．①公… Ⅱ．①周… Ⅲ．①公共关系学 ②商务－礼仪 Ⅳ．①C912.31 ②F718

中国版本图书馆 CIP 数据核字（2022）第 170422 号

出版发行　／　北京理工大学出版社有限责任公司
社　　址　／　北京市海淀区中关村南大街 5 号
邮　　编　／　100081
电　　话　／　(010) 68914775（总编室）
　　　　　　　(010) 82562903（教材售后服务热线）
　　　　　　　(010) 68944723（其他图书服务热线）
网　　址　／　http://www.bitpress.com.cn
经　　销　／　全国各地新华书店
印　　刷　／　三河市天利华印刷装订有限公司
开　　本　／　787 毫米 × 1092 毫米　1/16
印　　张　／　14.25　　　　　　　　　　　　　　　责任编辑／徐艳君
字　　数　／　336 千字　　　　　　　　　　　　　　文案编辑／徐艳君
版　　次　／　2022 年 9 月第 1 版　2022 年 9 月第 1 次印刷　责任校对／周瑞红
定　　价　／　72.00 元　　　　　　　　　　　　　　责任印制／施胜娟

图书出现印装质量问题，请拨打售后服务热线，本社负责调换

前　言

　　一言一行乃形象，一举一动皆公关。新时代、新环境、新技术对身处复杂变革时代的各类组织的公共关系创新提出了新的挑战，对公共关系战略和战术的运用提出了更高层次的要求。

　　本书打破以知识传授为主要特征的传统学科教材模式，以虚拟人物"公关职场菜鸟小妮"的视角，记录小妮步入公关职场后对公关的认识和公关工作的开展，设置真实的职场情境，将公关四部曲融入职场情境，融入公关岗位工作过程中。教材按照"项目导学—学习目标—思维导图—引导案例—情境导入—任务描述—任务学习—项目小结—点石成金—课堂讨论"的环节来编写。在任务学习中运用讲练结合、知识拓展、信息技术、课程思政的设计思路，设置了"一起来学""一起来练""一起来做""一起来看""一起来听""一起来品""一起来扫"等小栏目，加强学生对公关理论知识的理解和运用。

　　本书共设计了八个项目：公共关系认知、公共关系调查、塑造组织公关形象、公共关系公文礼仪、公共关系日常礼仪、公共关系专题活动、公共关系危机管理、公共关系评估。本书以公关活动流程和工作内容为逻辑主线，以自行开发的"公共关系"重庆市级精品在线开放课程为教学辅助，内容科学严谨，情境连续自然，展示生动有趣。

　　本书具有以下特色：

　　（1）课程编排注重情境连续性。以公关四部曲为主线，公关专题活动开展为辅线，任务与任务之间情境设置连贯，将理论性较强的内容变得有趣，增强读者的阅读期待。

　　（2）辅学知识注重时效性和权威性。本书设置了"一起来看""一起来听"等栏目，在公共关系基本内容的基础上植入公共关系行业的最新资讯、行业动态、专家视角等，拓宽读者的视野，便于读者对公共关系行业的了解，激发读者的思考。

　　（3）专业知识与思政教育并驾齐驱。公共关系与商务礼仪课程的执行目标与思政教育的工作目标在工作目的和工作方式上均有共同点，本书设置"一起来品"栏目，在专业知识中融入课程思政元素，对人才的素质培养能起到画龙点睛的作用。

　　本教材由周瑜主编，黄灿、肖映红副主编，吴兰、谭多宁收集材料，周瑜统稿。撰写分工为：周瑜（重庆工程职业技术学院）撰写项目一、三、四、五、六、七；肖映红（重庆工程职业技术学院）撰写项目二；黄灿（重庆工程职业技术学院）撰写项目八。

　　本书在编写过程中，吸收了国内外同行的大量研究成果，借鉴和引用了有关著作、论文和网站的相关文献资料，在此深表谢意。同时，还要感谢给予我们帮助和支持的北京理工大学出版社的各位编辑。公关实践日新月异，编者理论水平和学术视野有限，错误和疏漏之处在所难免，恳请各位专家、同人及广大读者批评指正。

周　瑜
2022 年 7 月

目　　录

项目一　公共关系认知 ·· 1

　　任务一　理解公共关系的内涵 ·· 3
　　任务二　了解公共关系的发展 ··· 17
　　任务三　掌握公共关系的道德标准 ····································· 22

项目二　公共关系调查 ··· 29

　　任务一　掌握公共关系调查内容 ······································· 32
　　任务二　运用公共关系调查方法 ······································· 38
　　任务三　撰写公共关系调查报告 ······································· 46

项目三　塑造组织公关形象 ··· 52

　　任务一　理解组织形象的内涵 ··· 55
　　任务二　运用 CIS 设计之 MI ··· 59
　　任务三　运用 CIS 设计之 BI ··· 63
　　任务四　运用 CIS 设计之 VI ··· 67

项目四　公共关系公文礼仪 ··· 75

　　任务一　掌握邀请函礼仪 ··· 78
　　任务二　掌握介绍信礼仪 ··· 84
　　任务三　掌握会议致辞礼仪 ··· 88
　　任务四　掌握会议纪要礼仪 ··· 93
　　任务五　掌握商务新闻礼仪 ··· 96

项目五　公共关系日常礼仪 ·· 102

　　任务一　运用商务仪容仪表仪态礼仪 ·································· 104
　　任务二　运用商务见面礼仪 ·· 122
　　任务三　运用商务接待礼仪 ·· 134
　　任务四　运用商务活动礼仪 ·· 142

项目六　公共关系专题活动 157

任务一　了解公关专题活动类型 159
任务二　召开新闻发布会 163
任务三　举行庆典活动 171
任务四　组织赞助活动 181
任务五　组织展会 185

项目七　公共关系危机管理 189

任务一　了解公共关系危机 191
任务二　熟悉公关危机管理三部曲 195

项目八　公共关系评估 207

任务一　掌握公共关系评估的程序和标准 209
任务二　撰写公共关系评估报告 216

参考文献 221

项目一　公共关系认知

项目导学

公共关系是组织树立形象的手段，是组织长远发展的根基。由于公共关系在我国起步比较晚，又涉及不同的学科领域和实践领域，因此许多人对它的性质、功能、手段等一知半解，致使在使用公共关系这一概念或开展公共关系工作时，往往出现许多偏差和错误。鉴于公共关系的重要性和普适性，除了公共关系从业人员，其他专业的职场人士均有必要树立正确的公共关系意识，开展有效的公共关系工作，使公共关系朝着正确的方向发展。

学习目标

职业知识：学习和把握公共关系的内涵，掌握公众的特征和分类，区分公共关系与其他营销活动，了解公共关系的发展历史、原则和道德标准。

职业能力：培养学生面对组织不同类型的公众进行公关服务的能力，使学生能用公共关系的原则和道德标准指导公关活动的开展。

职业素质：使学生了解我国国情和社会主义核心价值观，摒弃所谓的公关庸俗思想，树立正确的道德理念，加强个人的诚信意识、担当意识，维护企业形象、国家形象。

思维导图

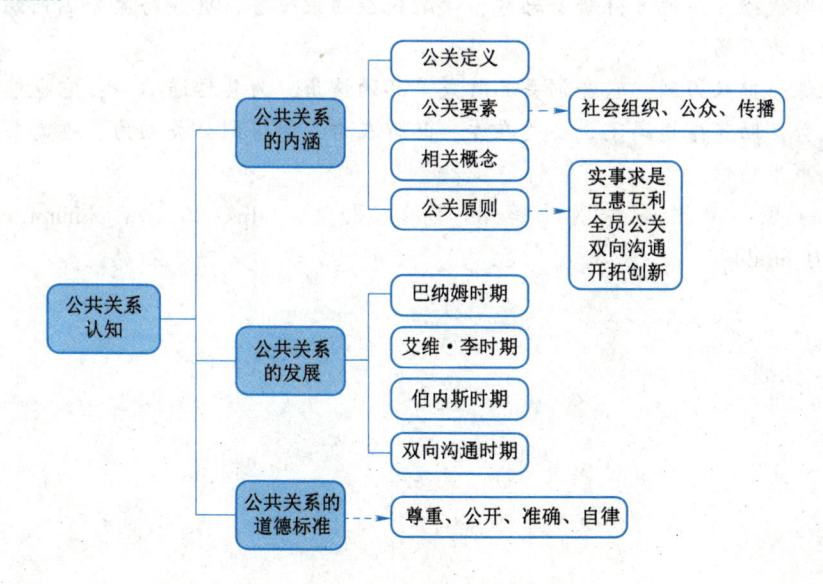

```
                      ┌─ 公关定义
                      │
           ┌─公共关系──┼─ 公关要素 ── 社会组织、公众、传播
           │  的内涵   │
           │          ├─ 相关概念
           │          │                实事求是
           │          └─ 公关原则 ──── 互惠互利
           │                          全员公关
           │                          双向沟通
           │                          开拓创新
公共关系    │          ┌─ 巴纳姆时期
认知 ──────┤          │
           │ 公共关系  ├─ 艾维·李时期
           ├─ 的发展  ─┤
           │          ├─ 伯内斯时期
           │          │
           │          └─ 双向沟通时期
           │
           └─公共关系的 ┈┈ 尊重、公开、准确、自律
              道德标准
```

> 引导案例

公关助力在左　品牌竞争力在右

2019年，华为P30 Pro拍摄了首部7分钟的竖屏传统戏剧题材《悟空》，令人热泪盈眶。这件事以黑马的姿态，闯进消费者眼中，成为2019年社交媒体争相传播的励志故事。华为这场内容营销，堪称脑洞大开，更符合主流消费群体的喜好，它以青春、热血、梦想为主题元素，唤醒了中国人的使命感。

一、全面撒网，打造360度品牌内在吸引力

华为曾邀请网红视频大神率先使用P30 Pro引发全球关注；《扫毒2》上映前后，刘德华等明星用P30 Pro拍了一条搞笑视频，发到抖音上，热播大片与明星大腕的集合，使这款手机成功征服了人们。除此以外，微博更可见到许多"流量明星"，相继在手机状态栏处，名正言顺地换上华为P30 Pro——大半个娱乐圈都被华为圈粉了；微信、朋友圈，都在谈论一个话题：华为P30 Pro，你今天换了没？

二、社交互动，突出品牌实用价值

P30 Pro利用产品的特性，在社交平台上展示了能拍出月球凹凸面的优势，引起话题热议，提升了网友的参与度和互动的积极性。华为P30 Pro从《悟空》开始，让人在月圆时，想起它；旅行时，想起它；天寒地冻时，想起它；防水时，想起它；追求梦想时，也同样会想起它。持续的口碑传播力，使其成为各大社交平台上引领时尚的新宠。

三、引爆传播点，把握时代流行趋势

华为P30 Pro巧妙地借用中国经典名著，推出了一部具有玄幻色彩的短视频《悟空》，其中包含的童年回忆、丛林探险、追求梦想、防水性、微距、色调和穿越等要素，皆围绕着品牌理念，突出产品的特征，激起受众的热情。

四、公关助力的，是品牌的自身觉悟

华为创始人任正非在《华为的冬天》一文中称华为距离死亡还有30天，强调要与时俱进、不要被时代抛弃。他懂得居安思危，唤醒民族的荣誉感，也懂得集合国内媒体与自媒体的优势，为华为撑场。

公关就像一把双刃剑，它会削去品牌或产品的棱角，为其传递心声；它也能雕刻出品牌或产品的优势，助其振翅高飞。公关在左，品牌在右，想得到公关助力，也需要品牌自身的觉悟，才能事半功倍。

（资料来源：中国公关网［第89期］，张洁，https：//www.chinapr.com.cn/249/201912/2490.html）

任务一　理解公共关系的内涵

情境导入

小妮今年刚大学毕业，对公共关系很感兴趣，想找一份跟公共关系相关的工作，但她觉得她的性格不适合所谓的"应酬"，担心自己胜任不了公共关系的工作。她对公共关系的理解正确吗？

任务描述

真正意义的公共关系究竟是什么？请帮小妮更新观念，让她重新审视自己是否适合从事公共关系工作。

一、公共关系的概念

（一）公共关系的基本定义

◎ 一起来学

公共关系（Public Relations），简称公关或PR。公共关系作为一种客观状态，自有人类历史以来就始终存在，但一直处于盲目自发的原始状态。直到20世纪初，现代意义上的公共关系才开始在美国产生和发展起来。

由于公共关系学科发展的历史较短，人们对公共关系理论的研究存在着不少分歧，仅就公共关系定义而言，许多具体从事公共关系工作的专家、学者们从自身工作经验和体会出发，从不同侧面对公共关系做了许多通俗的表述。

◎ 一起来听

（1）公共关系是90%靠自己做得对，10%靠宣传。
（2）公共关系就是让大家爱我。
（3）公共关系就是信与爱的结合。
（4）公共关系就是争取对你有用的朋友。
（5）公共关系就是一门研究如何建立信誉，从而使事业获得成功的学问。
（6）公共关系就是博得公众好感的技术。
（7）公共关系就是一个建立公众信任、增进公众了解的计划方案。
（8）公共关系就是说服和左右大众的艺术。

综上所述，我们认为，公共关系就是指社会组织为了塑造组织形象，通过调查、咨询、传播、沟通、策划和实施等一系列活动，争取得到公众的理解、信任和支持的科学和管理艺术。此定义涉及公共关系中的社会组织、公众、传播等要素，准确地指出了公共关系的特征。

公共关系与商务礼仪

◎ 一起来扫

公共关系的含义

（二）公共关系的相关概念

◎ 一起来学

1. 公共关系与庸俗关系

庸俗关系是指以不正当的和不健康的手段谋取私利，危害社会整体利益的庸俗行为，具体表现为"金钱美色""走后门""拉关系"等庸俗的社会现象。而一些人把公共关系曲解为"请客送礼""走后门""拉关系"的学问，混淆了公共关系和庸俗关系，这样不利于公共关系事业的健康发展。分析两者的关系，会发现两者毫无共同之处，有着本质的区别（见图 1-1）。

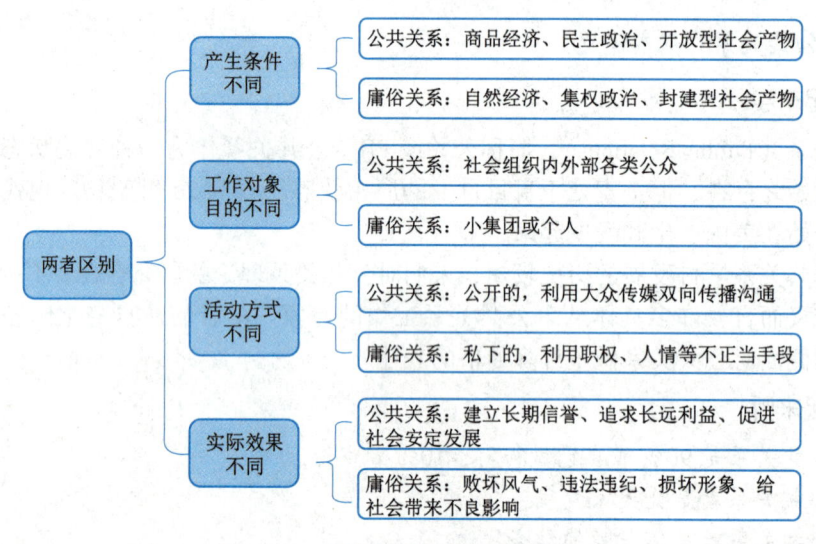

```
两者区别
├── 产生条件不同
│   ├── 公共关系：商品经济、民主政治、开放型社会产物
│   └── 庸俗关系：自然经济、集权政治、封建型社会产物
├── 工作对象目的不同
│   ├── 公共关系：社会组织内外部各类公众
│   └── 庸俗关系：小集团或个人
├── 活动方式不同
│   ├── 公共关系：公开的，利用大众传媒双向传播沟通
│   └── 庸俗关系：私下的，利用职权、人情等不正当手段
└── 实际效果不同
    ├── 公共关系：建立长期信誉、追求长远利益、促进社会安定发展
    └── 庸俗关系：败坏风气、违法违纪、损坏形象、给社会带来不良影响
```

图 1-1　公共关系与庸俗关系的区别

◎ 一起来听

寿玉滢——罗德传播集团执行副总裁、亚洲董事、大中华区董事总经理

《国际公关》：您认为公关的核心是什么？

寿玉滢：用有效的方式改变人的观点或行为。这里面有一个非常基础、在中国市场有待加强的内容，即职业操守的问题，我经常说不要蹭流量、不要添乱、不要"黑公关"，当然，黑公关并不是公关。其实公关只做三件事情：在没有观念的时候树立观念，在正确观念的时候加强观念，在错误观念的时候扭转观念。

（资料来源：中国公关网［第 98 期/对话］，《寿玉滢：公关人要甘做幕后英雄》）

◎ 一起来品

摒弃公关庸俗思想，树立正确公关理念。

◎ 一起来说

根据公关的含义，请说一说现实生活中你见到的真正的公关举措有哪些呢？

2. 公共关系与人际关系

人际关系是指以地缘、业缘、血缘等为纽带而建立起来的各种个人关系，例如同事、同学、同乡、兄弟姐妹关系等都属于人际关系。公共关系则是指社会组织与其公众之间的各种利益互动关系，是一种发生于群体之间的社会关系，例如政府关系、媒介关系、社区关系等都属于公共关系。公共关系与人际关系虽同为社会关系，存在一些关联之处，但两者却是两个不同的学科体系，有着以下区别：

（1）两者的研究对象不同。公共关系注重研究组织主体与相关公众的关系，同时强调个体的共性研究，如公众的意见、需求、评价等，具有群体性、公共性和公开性的特征；人际关系注重研究个体与其他个体间的关系，强调个体的独特性，如个人的气质、性格、仪表、风度等，服务于个体的利益。

在实践中，公共关系也时常需要使用人际关系中的一些技能进行个体之间的交往，但这些人际交往是以群体的利益为出发点、代表组织进行的，属于公共关系的范畴。

（2）两者的传播方式不同。公共关系的信息传播需要运用科学的方法和周密的组织来实施，带有鲜明的社会性、开放性、复杂性和间接性，如记者招待会、展览会、危机处理等；而人际关系中的信息传播则带有明显的个体性、封闭性、单一性、直接性。

因此，虽然公共关系的某些工作中需要用到人际关系的技巧，如就餐礼仪、接待技巧等，但是不应将其片面扩大以致将公共关系与人际关系等同起来相互混淆。

◎ 一起来做

恒信砖石董事长与北漂网友的微博愿望

在某一年春节期间，恒信砖石董事长李厚霖在微博上关注到北漂网友"dou 小 dou"的微博愿望：

"北漂族买不起房，买不起车，只奢望能有一个钻戒，不要是全裸结婚就好。有人能满足一下我这个新年愿望吗？"

李厚霖真的送给她一枚钻戒和一个钻石吊坠。李厚霖的做法在微博上引起公众热议，多家报纸进行报道。这为李厚霖个人以及恒信钻石创造了良好的口碑和企业形象。

（资料来源：曹艳红，《公共关系理论、实务与技能训练》，中国人民大学出版社）

问题：李厚霖这种做法是属于人际交往活动还是公共关系活动？

分析提示：表面上李厚霖这种做法是个人与个人之间的接触，实际上是一种公共关系活动。在北漂网友"dou 小 dou"的心目中，李厚霖代表了恒信钻石；对于李厚霖来说，北漂网友"dou 小 dou"并不是孤立的个人，而是公众中的一员。李厚霖的做法引起广大公众的热议，得到广泛传播，为企业塑造了良好的形象，这是一次成功的公关活动。

◎ 一起来品

领导者的积极作为，为树立组织正面形象双倍加分。

3. 公共关系与广告

公共关系与广告存在四点区别，见图1-2。

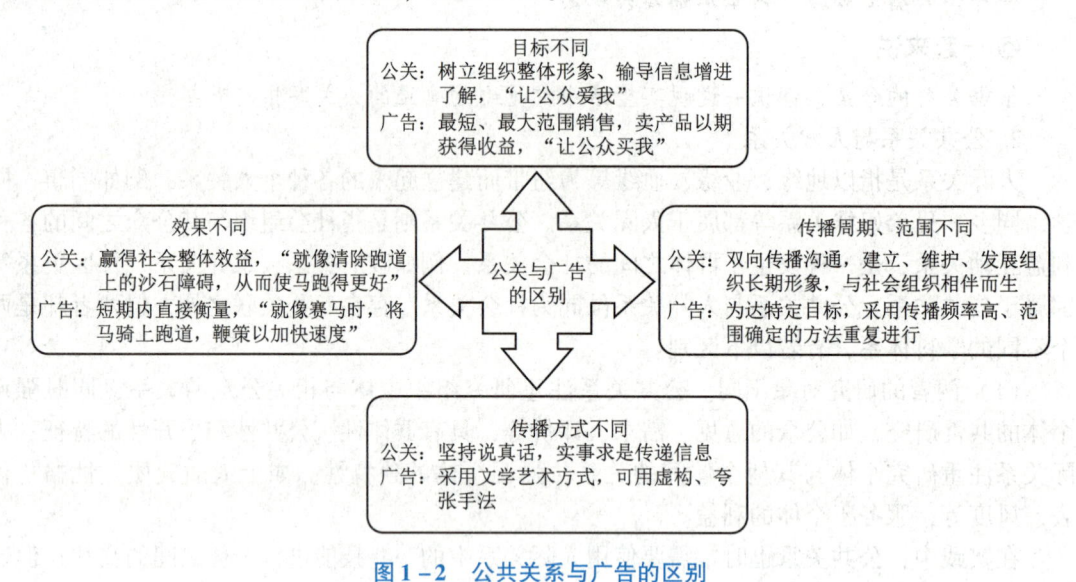

目标不同
公关：树立组织整体形象、输导信息增进了解，"让公众爱我"
广告：最短、最大范围销售，卖产品以期获得收益，"让公众买我"

效果不同
公关：赢得社会整体效益，"就像清除跑道上的沙石障碍，从而使马跑得更好"
广告：短期内直接衡量，"就像赛马时，将马骑上跑道，鞭策以加快速度"

传播周期、范围不同
公关：双向传播沟通，建立、维护、发展组织长期形象，与社会组织相伴而生
广告：为达特定目标，采用传播频率高、范围确定的方法重复进行

传播方式不同
公关：坚持说真话，实事求是传递信息
广告：采用文学艺术方式，可用虚构、夸张手法

图1-2　公共关系与广告的区别

4. 公共关系与宣传

宣传是指通过传播媒介，向公众传递相关信息，进行信息共享，以此影响公众的活动。社会组织为了塑造良好的形象和提升影响力而进行的信息传播活动叫公共关系宣传。公共关系与宣传既有联系又有差异。

（1）公共关系离不开宣传。公共关系活动需要采用宣传的各种经验、理论、技巧和技术；宣传也要通过不断吸取公共关系的新理论和新方法来强化宣传效果，恰到好处的宣传活动能帮助公共关系达到预期效果。

（2）公共关系不能等同于宣传。公共关系和宣传在传播信息的方式上有明显差异：公共关系注重与公众双向沟通；而宣传对公众进行单项信息灌输。宣传是开展公共关系工作的必要组成部分，但是不能把宣传等同于全部的公共关系工作。

二、公共关系的要素

公共关系的基本要素可概括为三个，即"组织""公众"和"传播沟通"。"组织"和"公众"是公共关系的承担者，分别是公共关系的主体和客体；"传播沟通"则是连接主体和客体的"桥梁"，其本质是组织与公众之间信息的双向交流通道（见图1-3）。

组织 ⇌ 传播沟通 ⇌ 公众

图1-3　公共关系三要素

（一）公共关系的主体——社会组织

◎ 一起来学

公共关系组织机构是为了贯彻公共关系理念，由专职公关从业人员组成，用于实施公

关系工作职能的专业机构。它是公共关系工作的组织保证。要有效开展公共关系活动，就必须合理设置公共关系组织机构。

◎ 一起来扫

公共关系的主体——社会组织

一般来说，公共关系组织机构可以分为三大类：第一类是各社会组织内部的公共关系部；第二类是公共关系公司；第三类是公共关系社团。

1. 公共关系部

公共关系部是社会组织内部自行设立的专门负责处理公共关系事务的部门或机构。公共关系部是社会组织公关职能部门常用的名称。从事公共关系工作的部门也多称为公共关系部、公共事务部、公共广告部、对外关系部、信息广告部、市场推广部、传播沟通部等。

（1）公共关系部的工作主要包括外部关系的协调、内部关系的协调和专业技术等三方面（见图1-4）。

外部关系协调工作	内部关系协调工作	专业技术工作
具体工作有： 负责新闻媒介、出版机构的合作关系； 负责同政府有关部门的联系； 负责与社区的联系； 对消费者进行产品促销活动； 进行各种礼宾接待	具体工作有： 与员工沟通，教育引导员工增进公关意识； 编辑、出版内部刊物； 搜集组织内部员工各种意见； 参加董事会及生产、销售及其他主要部门的会议； 为领导层确定公共关系目标提供方案，并为其他决策提供咨询； 培训公共关系工作人员等	具体工作有： 组织安排庆典活动、开（闭）幕式、纪念活动等； 举行记者招待会； 安排组织领导人与新闻媒介的接触； 举办展览会、参观活动等； 开展广告业务； 图片、摄影等技术性工作； 民意测验、舆论意见研究

图1-4 公共关系部的工作内容

◎ 一起来说

请说一说你知道设有专门的公共关系部的公司有哪些？

（2）公共关系部一般需要配备五类人员：

①调查分析人员。其任务是展开各种调查，收集内外公众的各种意见，分析内外公众对本组织的态度及产生的原因并寻找对策等。这类人员需要具备市场学、社会学、心理学等多方面知识，精于社会调查。

②活动策划人员。其任务是研究各类公众的心理，策划各类公共关系活动。这类人员应熟悉各类公共关系活动的工作方法，具备丰富的公共关系策划经验，具有较强的创新意识和创新能力。

③组织实施人员。其任务是筹备、组织、实施公共关系活动，并进行监督、检查、评估。这类人员需充分了解公共关系工作的原则、方法、技巧，有较好的组织管理能力和调控能力。

④宣传推广人员。其任务是对组织及组织的产品进行宣传推广。这类人员具有应对公众的经验，能针对组织内外部各类公众进行宣传推广，包括政府公关专家、媒介关系管理人员、编辑撰稿人员、自媒体管理人员等。

⑤其他专业技术人员。这类人员包括摄影师、视频制作人员、广告设计专家、新媒体运营人员等。

◎ 一起来扫

公关人的四种必备能力

(3) 公共关系部的类型有以下四种：

①直接隶属型。即公共关系部直接隶属于企业最高管理层，由总经理或副总经理直接管辖，比组织内部一般的职能部门高半级，可以对其他职能部门的工作进行协调监督。

②部门并列型。即公共关系部同组织内部其他职能部门并列，能独立地开展各项公共关系活动。

③部门隶属型。即公共关系部比组织内部其他职能部门低一级，并受某一个具体职能部门管辖，比如行政办公室、经营管理部门、销售部门、广告宣传部门、外事接待部门等，侧重发挥其某方面的特定功能。

④职能分散型。即不存在专门的公共关系部，其职能分散在组织内部的各个职能部门中，这是一种特殊情况，不能算真正的公共关系部。

◎ 一起来做

A 银行的企业传播部

A 银行是一家跨国金融机构。员工共有 3 万多人，全球分支机构有 2 000 多家。该银行的企业传播部（即公共关系部）与其他二级部门并列，有从业人员 200 多人，由一位高级副总裁担任该部主管。企业传播部下设若干组，直接负责各自领域中的公共关系问题。

问题： A 银行企业传播部的设置和架构呈现了企业内部公共关系的什么特点？

分析提示： 此案例中，A 银行企业传播部的组织结构是大型企业公共关系部的典型形态。具体来说：第一，由副总裁兼任企业传播部主管，既体现了企业对公共关系工作的重视，又为公共关系部顺利执行自己的职能提供了强有力的背景支持。第二，企业传播部与组织的二级部门同处一个级别，减少了传播过程中的信息损失，是提高公共关系工作效益与效率的组织保证。第三，企业传播部下设若干小组，分工明确，层次分明，工作专业性更强，工作节奏把握更准确、更科学。

（资料来源：曹艳红，《公共关系理论、实务与技能训练》，中国人民大学出版社）

2. 公共关系公司

公共关系公司是指由各具专长的公共关系专家和专业人员组成，专门从事公共关系咨询和向其他社会组织提供公共关系活动的有偿服务性机构。

公共关系公司的业务可分为咨询业务和代理业务，具体为：

第一，确立公共关系目标。即通过协助客户开展调查研究，分析原因，提出解决问题的办法，进而确立公共关系目标。

第二，制订实施计划。根据已确定的公共关系目标，以及客户存在的实际问题，帮助客户制订出有效的公共关系计划，并协助客户实施公共关系计划。

第三，培训人员。接受客户委托训练公共关系人员，以提高他们的业务水平和工作能力。

第四，帮助客户编制公共关系预算。

第五，协助客户开展内部公共关系工作。

第六，协助客户处理社会性事件，消除不良影响。

第七，帮助客户进行公共关系计划实施效果的评估。

第八，帮助客户提高一般公共关系业务能力，如企业中的公共关系机构如何设置、公共关系人员如何培训、某个公共关系难题如何处理等。

第九，为客户提供公共关系一般业务服务，如帮助客户联系新闻媒介、策划专题活动、组织大型会议、撰写稿件等。

◎ 一起来看

2021年中国公关公司排名

1. 奥美公关；2. 蓝色光标；3. 索象传播；4. 爱德曼；5. 博雅公关；
6. 万博宣伟；7. 伟达公关；8. 罗德公关；9. 宣亚国际；10. 无限公关。

（资料来源：经济参考报 http://www.jjckb.cn/2021-03/15/c_139811054.htm）

◎ 一起来听

寿玉滢——罗德传播集团执行副总裁、亚洲董事、大中华区董事总经理

《国际公关》：疫情之中及之后，专业的公共关系公司应如何承担企业社会责任？尤其是在促进经济发展、正向的舆论引导等方面。

寿玉滢：这段时间的舆论引导应该是政府在做，我们的政府是畅所欲言的，有自己的节奏和方向，大家配合就好。对公关公司来说，不要让人觉得你在蹭热点，能够帮助客户把业务真正做上去，这就已经很好了，就是在承担企业社会责任。我特别想对所有公关人说，在这个时候不要自作聪明，不要过多出风头，不要唱主角。什么时候该唱主角，什么时候该唱配角，做公关的人应该非常有心得。我个人一直觉得公关是幕后英雄，所以对于很多企业从幕后跑到前面变成了主角的现象，深感不解。

（资料来源：中国公关网[第98期/对话]，《寿玉滢：公关人要甘做幕后英雄》）

◎ 一起来品

无论是社会组织还是个人都应该自觉承担社会责任，勇担当、敢作为，强国有我，自强不息。

3. 公共关系社团

公共关系社团是指社会上自发组织起来的、非营利性的从事公共关系理论研究与实践活动的群众组织和群众团体，主要包括公共关系协会、学会、研究会、专业委员会、俱乐部、沙龙、联谊会等。

公共关系社团是一种较特殊的公共关系组织，它既是民间团体，又是公共关系界与其他组织相互联系的纽带和桥梁。其具体职责是：

（1）发展联络会员。为了把公共关系事业做得更好、更强，社团不但要吸纳、发展新的成员，而且还要与会员进行经常性的联络与沟通，以便形成网络，进行广泛的协作。

（2）制定从业人员的道德规范。制定、宣传公共关系从业人员道德行为准则并检查执行情况是社团的一项基本工作，也是衡量社团正规与否的重要标准。

（3）举办从业人员的培训工作。公共关系社团通过举办培训班、讲习班来培训公共关系专业人员，以进一步提高公共关系从业人员的素质。

（4）普及公共关系知识。通过广泛地向社会公众宣传、普及公共关系知识，来匡正社会公众对公共关系的误解，以提高全民的公共关系意识，这是公共关系社团义不容辞的责任和义务。

（5）编辑出版公共关系方面的书刊。这是宣传公共关系知识的重要手段。

◎ 一起来看

中国国际公共关系协会（CIPRA）发布
《中国公共关系业 2020 年度调查报告》

2021 年 5 月 21 日，中国国际公共关系协会（CIPRA）在北京发布了《中国公共关系业 2020 年度调查报告》，同时发布了中国公共关系业 2020 年度 TOP30 公司榜单和最具成长性公司榜单。调查显示，2020 年度中国公共关系服务领域前 5 位分别是汽车、IT（通信）、互联网、快速消费品、金融。汽车行业依然占据整个市场份额超过 1/3，继续高居榜首，且比去年略有提高。IT（通信）、互联网、快速消费品排名不变，位于第 2～4 位。与 2019 年度相比，金融业对公共关系的需求超过制造业，跃升到第 5 位。制造业从去年的第 5 位下降到第 6 位。娱乐/文化、医疗保健、旅游业市场份额有一定增加，上升到第 7、8、9 位。房地产行业居于第 10 位，市场份额不变。

（资料来源：中国公关网 https：//www.chinapr.com.cn/236/index.html）

（二）公共关系的客体——社会公众

◎ 一起来学

公众是公共关系传播沟通的对象。公共关系的全部工作都是针对公众来开展的，所以说公众就是公共关系的客体。

组织面临的公众是复杂多样的，为了更好地了解公众，提高公共关系工作的针对性和目的性，要根据不同的需要，从不同的角度，对公众进行科学分类，把握其内在的规律性，有利于公共关系工作的开展。

1. 公众的分类

（1）按公众的隶属关系分类，公众可分为内部公众和外部公众（见图 1-5）。

```
                    外部公众

     政府公众              媒介公众
                  ┌─────────┐
                  │  内部公众 │
     社区公众      │   员工    │    同行公众
                  │   股东    │
                  └─────────┘

     消费者公众            社会名流公众
```

图 1-5 组织的内外部公众构成

◎ 一起来扫

公共关系的客体——社会公众

◎ 一起来说

请说一说你所在的班级或学校的内部公众和外部公众分别有哪些呢？

（2）按公众的重要程度分类，公众可分为首要公众和次要公众。

首要公众是指对组织的生存和发展能够产生重大影响，甚至具有决定性意义的公众，如政府要人、社会名流、新闻记者、意见领袖等。次要公众是指那些对组织的生存和发展有影响，但影响程度不大的公众，如普通消费者。首要公众和次要公众是相对的，两者之间可以转化。

（3）按公众对组织的态度分类，公众可分为顺意公众、逆意公众和边缘公众。

顺意公众是指那些对组织的政策、行为持赞成意向和支持态度的公众。逆意公众是指对组织的政策、行为持否定意向和反对态度的公众。边缘公众又叫独立公众，是指对组织持中间态度，尚未表明观点或意向不明朗的公众。

◎ 一起来看

2020 发生的最佳典型公关案例事件"人民需要什么，五菱就造什么"

2020 年最感人的一句话：人民需要什么，五菱就造什么。为了抗击疫情，大量生产口罩，五菱将广西德福特集团原有生产车间改建为了 2 000 平方米无尘车间，共设置 14 条口罩生产线，其中 4 条生产 N95 口罩，10 条生产普通医用口罩，从想法提出到第一批口罩下线，仅用时 3 天，又一次刷新了五菱速度纪录。五菱口罩让世界见证了中国速度，也见证了民族企业的担当。有付出就会有回报，上汽通用五菱为抗击疫情做出的努力和贡献，也使其收获了满满的人气和口碑，五菱宏光也是民族之光。

◎ 一起来品

民族企业应有民族担当，才能赢得更多的顺意公众。

◎ 一起来说

请说一说你是你所在组织的顺意公众、逆意公众还是边缘公众呢？假设你现在是所在组织的管理者，怎么将逆意公众转变成顺意公众，怎么争取更多的边缘公众成为组织的顺意公众呢？

（4）按组织对公众的好恶程度分类，公众可分为受欢迎公众、不受欢迎公众、被追求公众。

受欢迎的公众指那些和组织"两情相悦"的公众，如股东、赞助者、捐助者等。他们主动对组织表示兴趣，而组织也非常欢迎和重视他们。不受欢迎的公众是指违背组织的利益和意愿，对组织构成现实或潜在威胁的公众，如一味索取赞助的团体和个人、持不友好态度的记者等。被追求的公众指的是组织单方追求的公众，他们非常符合组织利益和需要，但对组织却不感兴趣，缺乏交往意愿，如新闻媒介、社会名流等。

（5）按公众发展过程的阶段分类，公众可分为非公众、潜在公众、知晓公众和行动公众（见图 1-6）。

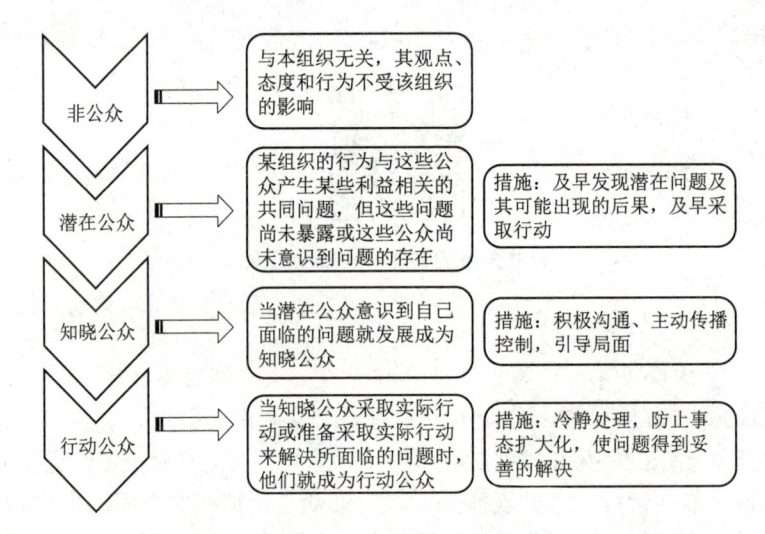

```
非公众  →  与本组织无关，其观点、态度和行为不受组织的影响

潜在公众 →  某组织的行为与这些公众产生某些利益相关的共同问题，但这些问题尚未暴露或这些公众尚未意识到问题的存在  | 措施：及早发现潜在问题及其可能出现的后果，及早采取行动

知晓公众 →  当潜在公众意识到自己面临的问题就发展成为知晓公众  | 措施：积极沟通、主动传播控制，引导局面

行动公众 →  当知晓公众采取实际行动或准备采取实际行动来解决所面临的问题时，他们就成为行动公众  | 措施：冷静处理，防止事态扩大化，使问题得到妥善的解决
```

图 1-6　公众发展的四个阶段

◎ 一起来说

请说一说对于某个组织你是否有过从非公众到行动公众的经历？你对该组织的建议是什么？

2. 公众的特点

（1）整体性。公众不是指单一的个体或单一的群体，而是指与某一组织运行有关的整体人文环境，即在组织运行过程中必须面对的社会关系与社会舆论的综合。实际上公关所要解决的是与以群体形态出现的各类公众的关系，不能只注意其中某一类公众而忽略其他公众。

（2）共同性。公众面临因组织行为而引发的共同问题，这种共同问题能把各种不同的群体和个体结合在一起，构成该组织主体的公众，其行为具有一定的相同点。这种内在的共同性是指相互之间的某种共同点，如面临共同问题、共同需求、共同目标等。这样的共同点，使一群人或一些团体表现出共同或类似的态度和行为。

（3）相关性。一个人或一个群体之所以能成为一个组织的公众，就是因为他们与组织有一定的相关性和互动性。这种相关性和互动性，具体表现为两方面：一方面，公众的需求、观念、行为对组织主体的运作有一定的影响作用，甚至会决定组织的命运，这就迫使组织主体必须随时了解公众的态度，并以此作为组织主体制定政策规划的依据；另一方面，组织的行为也对公众观念的形成、需求的满足及行为导向产生一定的约束和影响。

（4）多样性。由于公众的主观能动性，公众的存在是复杂多样的。从公众的形式来说，可以是个人，也可以是群体、团体，还可以是组织。即使是同一类公众，也可以有不同的存在形式。哪怕是同一个公众，在不同的时期，也可以有不同的态度和行为。

（5）能动性。公众不只是被动地作为公关的客体，而是从自身利益和需求出发，积极主动地影响某一社会组织的决策和行为，这就是公众的能动性。组织内部公众的知识水平、工作态度、文化修养等对组织有着至关重要的作用；组织的外部公众也能通过各种渠道对组织施加影响，迫使组织改变工作计划、工作内容和工作方法。一个组织对公众的能动性是不容忽视的。

（6）变化性。公众与社会组织之间的联系及相互作用总是处在不断变化和发展过程中的。首先，表现为公众性质的变化性，如相关公众变成无关群体、潜在公众变成行动公众、次要公众变成主要公众、协作关系转化成竞争关系等；其次，公众数量也是随时变化的，如用户增多或减少等；再次，内部员工也经常处于变化之中，如员工的吸纳和解雇等。根据公众的变化性，公共关系工作要随时调整自己的方针政策。

◎ 一起来扫

公众的特征

(三) 公共关系的媒介——传播

◎ 一起来学

公共关系工作的中心就是运用传播沟通媒介使公共关系的主体（组织）与公共关系的客体（公众）相互理解、相互合作（见图1-7）。因此，传播沟通是连接主客体的桥梁，是公共关系的媒介和载体，没有传播沟通，便没有公共关系。

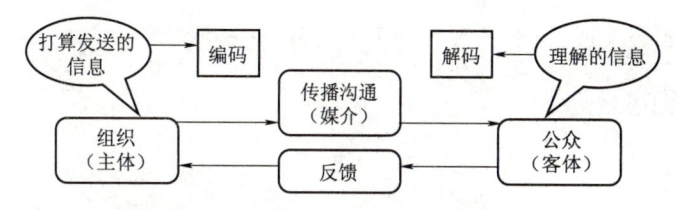

图1-7 公共关系传播沟通模式

传播沟通包括个体自身传播沟通、人际传播沟通、组织传播沟通与大众传播沟通四种（见图1-8）。

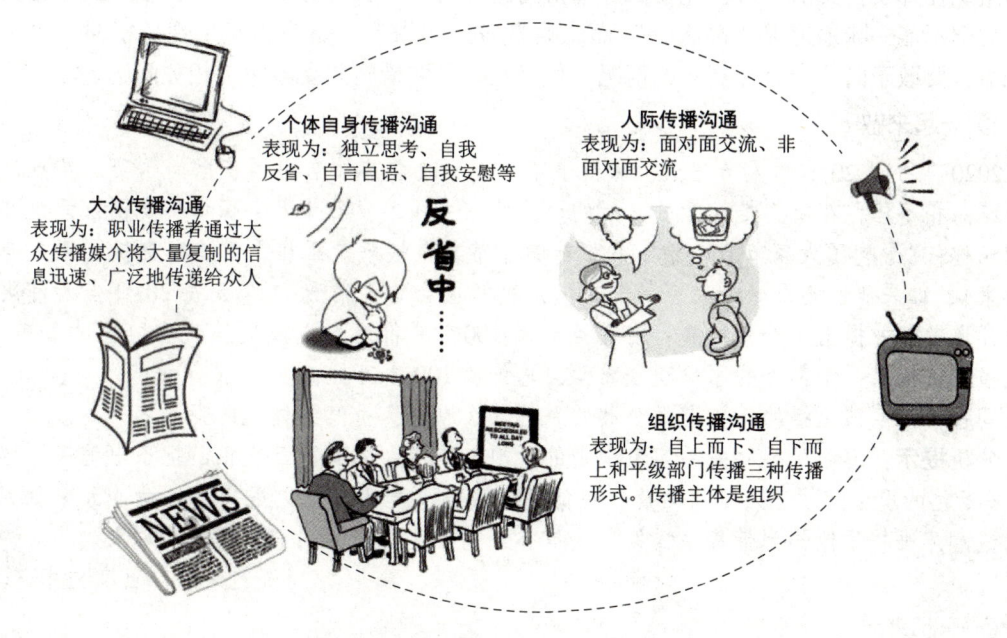

图1-8 四种传播沟通形式及其特点

公共关系与商务礼仪

◎ 一起来扫

公关行业加强国际传播能力建设

◎ 一起来听

快刀何,《国际公关》专栏作者、快刀定位公关创始人

姐夫李：你说"公关要创造免费传播"，客户说不花钱传播当然好啊，这里面有哪些误区？

快刀何：免费传播，指的是媒体和公众的主动报道、评论、讨论、转发。比如B站的后浪，用花钱的广告、自媒体投放，启动免费传播。如何衡量免费传播？看有无激发免费传播，激发了多少，付费免费比多少。这蕴含着新的公关商业模式：企业付成本，免费传播分成。

（资料来源：中国公关网，《公关要创造免费传播——对话〈定位高关系〉作者快刀何》）

三、公共关系的原则

◎ 一起来学

1. 实事求是原则

实事求是原则是公共关系的基本原则，也是对公共关系人员最根本的道德要求，是公共关系的生命。主要表现为：一是组织应将产品或服务的真实信息向公众传播，信守承诺。二是当组织在开展公关活动时，先要做好周密的调查研究，了解真实的情况，以客观数据为指导，切记不能一味地追求"高大上"而忽略自身的实力。三是当组织出现危机时，决不隐瞒掩盖，要敢于向公众公开真实的情况，积极及时采取措施并妥善解决相关问题。

◎ 一起来做

2020年5月20日情人节当天，微博上不少人反映在某知名主播直播间购买的花点时间玫瑰花品相不佳，花瓣都是枯萎的、烂的。为此该主播连发三十几条微博转发网友评论并做出回应称："影响了大家节日心情，我们非常非常非常抱歉。正在严肃追究责任（事先有协议约束），如果他们不及时给大家一个交代，我们也会给，请放心。"5月20日当天再次微博公开道歉，并提出了补救措施：在花点时间100%原价退款以及同等现金赔偿的基础上，该直播团队提供一份额外的原价现金赔偿，总价值100多万元。

问题：请问该主播的行为遵循公共关系的什么原则，是怎么体现的呢？

分析提示：遵循了公共关系实事求是的原则，厚道、体面、三观正，挑不出毛病，尽管100多万元的现金赔偿让人觉得心疼，但他遵循实事求是的原则，用实际行动让大家看到了他的诚意，维护了他作为带货主播的个人信誉，也给他们团队树立了正面的形象。

（资料来源：百度文库整理）

◎ 一起来品

守信信为天，诚实实为本。

2. 互惠互利原则

互惠互利原则是指公关活动要兼顾组织与公众的双方利益，在平等的地位上使双方互利互惠。社会组织在公共关系活动中，要注意信守互惠互利的原则，不能单纯追求组织单方面的利益，只有在公众也同样受惠的前提下，才可能得到公众的支持和合作。

◎ 一起来品

宽容，就是少去算计他人，多做互利共赢的事情。算计宽容的成本和收益，本身就是不宽容，对大家也没啥好处。

3. 全员公关原则

全员公关是指组织内部全体成员都需要树立正确的公关理念，强化公关意识，具备公关的自觉性，在组织内部营造出浓厚的公共关系氛围。对组织而言，公共关系是一个有计划的、长期的、充满挑战与艰辛的系统工程，全体成员要尽心尽责持续努力才能达到公关目标。

◎ 一起来品

能用众力，则无敌于天下矣；能用众智，则无畏于圣人矣。

——《三国志·吴书》

4. 双向沟通原则

公共关系的重要手段是传播、沟通，而这种沟通不是组织单方面向外发布信息，而是指沟通双方相互传播，相互了解。一方面组织通过各种渠道把有关信息告知公众，如借助大众传播、人际传播向社会公众发布信息，使公众了解、理解、支持组织；另一方面，组织通过各种途径广泛收集有关公众的信息，及时把握公众的动态。

5. 开拓创新原则

任何一个社会组织，只有在激烈的市场竞争中不断开拓创新，才能使自己立于不败之地。正如有的公共关系理论工作者所指出的：敢于创新，才能做到人无我有；善于创新，才能达到人有我新；离开创新，公共关系就陷入绝境。

◎ 一起来听

寿玉滢——罗德传播集团执行副总裁、亚洲董事、大中华区董事总经理

《国际公关》：公关公司应该做哪些工作或业务创新，以减少疫情带来的负面影响？

寿玉滢：其实很多业务上的创新就在于，怎么把一些已有的东西和线上融合，第二就是在现阶段理解客户的痛点是什么，当你想明白以后，就发现客户的痛点在本质上没有变化，只有形式上的变化。不用拘泥于一定有什么新技术，即使是传统技术也可以在特殊环境下发挥作用，最重要的是商业需求。

（资料来源：中国公关网［第98期/对话］，《寿玉滢：公关人要甘做幕后英雄》）

◎ 一起来练

辩论赛——公共关系与庸俗关系

【实训目标】

（1）通过辩论赛，加深学生对公共关系概念的认识和理解。

（2）提高学生的语言表达能力和逻辑思维能力。

【实训内容】

正方：公共关系作用更大；

反方：庸俗关系作用更大。

【实训组织】

（1）分组：班级学生平均分成甲、乙、丙三个组。

（2）甲、乙两组为辩论方，课前抽签决定正反方，分别准备资料，每组选出四名学生分别担任一辩、二辩、三辩和四辩。

（3）丙组为裁判组，裁判组负责制定竞赛规则、程序和评分标准。

【实训考核】

辩论赛实训考核评分表见表1-1。

表1-1　辩论赛实训考核评分表

考核人	教师和丙组学生		被考核人	全体学生
考核地点	教室			
考核时长	2学时			
考核标准		内容	分值（分）	成绩
	甲、乙两组	各个组准备认真、素材充分	10	
		辩论方论点清晰、论证有力	30	
		反驳对方有条理、善抓漏洞	20	
		团队配合默契、效果好	20	
		态度认真、积极参与	20	
	（丙组）规则制定详细、评分标准客观严格、总结到位		100	
小组综合得分	甲组：	乙组：		丙组：

项目一 公共关系认知

任务二 了解公共关系的发展

情境导入

小妮在面试时,部门王经理问她,"你想从事公共关系工作,那你了解公共关系的发展历史吗?它是在哪个国家产生的?"小妮想到我国上下五千年历史有很多的经典公关案例,于是不假思索说是中国。王经理皱了皱眉头。

任务描述

公共关系的发展历程是怎样的?如果不在我国产生,那又是什么时候传入我国的呢?请你为小妮解惑。

一、现代公共关系的发展历程

◎ 一起来学

自现代意义上的公共关系在美国产生,距今已有百年历史。而在现代公共关系的发展过程中,主要经历了巴纳姆时期、艾维·李时期、伯内斯时期以及"双向对称模式"时期四个阶段。

◎ 一起来扫

公关发展之巴纳姆时期

1. 巴纳姆时期

19世纪30年代,伴随着经济、科技的繁荣发展,以及日趋民主的政治,美国以报纸为媒介的大众传播事业开始迅速发展,政府部门和各界巨头都就报纸这一社会舆论工具开展了激烈竞争。而其中,巴纳姆(见图1-9)则是当时最具有代表性的"报刊宣传"运动的推动者。巴纳姆认为,"凡是宣传皆好事",于是,他为了雇主的利益不惜编造离奇的故事,例如"海斯神话"。他不择手段欺骗公众,使公众受到愚弄,产生了与公共关系的宗旨背道而驰的结果。由此,历史上也将巴纳姆时期称为"公众受愚弄"的时期,并认为这一阶段是公共关系发展史上最黑暗的时期。

在该时期中,巴纳姆这类将新闻媒介视为工具,利用

图1-9 菲尼斯·巴纳姆

17

新闻媒介愚弄公众的现象引发了社会各界的强烈不满,随后,报纸杂志开始揭露实业界中所谓"强盗大王"的各类恶劣丑闻,形成了美国近代史上著名的"扒粪运动"。

◎ 一起来品

不欺瞒为根本,服务好讲诚信;少抱怨多谅解,同努力共兴旺。

2. 艾维·李时期

◎ 一起来扫

公关发展之艾维·李时期

艾维·李(见图 1-10)所代表的一批有正义感的记者揭露了"报刊宣传"编造的谎言以及其愚弄公众的真相,提出了"说真话"的主张,并且认为,"公众必须被告知"。他提出了关于工商业应把自己的利益同公众的利益联系起来,而不是对立起来的概念;要与最高决策者和管理人员打交道,并且只有在管理人员积极支持和亲自处理的情况下才实施计划;与新闻媒介保持公开的畅通的信息交流;强调工商业具有人情味的重要性,并把公共关系工作做到雇工、顾客及其邻居中去。他开设了公共关系史上第一家公共关系事务所,标志着公共关系职业化的起点,因此被称为"公共关系之父"。

当然,艾维·李的公共关系思想还只是初步的,他的工作中也存在着不足之处:他注重经验,忽视理论;他注重直觉,忽视调查。在开展公共关系咨询和实施的

图 1-10 艾维·李

过程中有实践经验,但缺乏科学的预测、理性的总结以及系统的理论指导,由此,"只有艺术而无科学"成了他最大的局限。

3. 伯内斯时期

◎ 一起来扫

公关发展之伯内斯时期

爱德华·伯内斯(见图 1-11)是心理学泰斗弗洛伊德的侄子,其思想深受弗洛伊德的影响,一生致力于将社会科学理论应用于公共关系研究,并将公共关系学从新闻传播领域中分离出来,使其成为一门独立、完整的应用学科。

18

项目一 公共关系认知

伯内斯提出了"投公众之所好"的主张，他认为，以公众为中心，了解公众的喜好，掌握公众对组织的期待与要求的态度，确定公众的价值观念应该是公共关系的基础工作；一切以公众的态度为出发点，按照公众的意愿进行宣传，才能做好公共关系工作。由于伯内斯在从事公共关系的研究与实务过程中，以一定的科学理论为指导，因此，促进了公共关系正规化、科学化，提高了公共关系的理论水平。

伯内斯以其不懈努力，为现代公共关系的发展做出了一系列重要的贡献：让公共关系职业化；公共关系工作摆脱了新闻界附属的地位，开始独立自主的发展；初步建立了现代公共关系的理论体系；强调了舆论及通过投其所好的公共宣传来引导公共舆论的重要作用；主张获得公众的谅解与合作应当成为公共关系的基本信条。

图1-11 爱德华·伯内斯

4. "双向对称模式"时期

美国学者卡特利普和森特先后出版了《有效公共关系》《公共关系咨询》《当代公共关系导论》等著作。1952年出版的《有效公共关系》提出了"双向对称"的公共关系模式，该理论强调"双向沟通，双向平衡，公众参与"。"双向对称"的基本思想是：一方面把组织的想法和信息向公众进行传播和解释，另一方面又要把公众的想法和信息向组织进行传播和解释，目的是使组织和公众结成一种双向沟通和对称和谐的关系，从而产生对称平衡的良好环境。

卡特利普和森特的《有效公共关系》一书，被誉为公共关系的"圣经"和"现代公共关系思想的基础"。"双向对称"模式超越了原来的"单向沟通"模式，科学地界定了公共关系"传播沟通"上的双向互动特征，从而把"公共关系传播"与"宣传""广告传播"严格区分开来，因为后两者的沟通属性为典型的"单向传播"。"双向对称"模式迄今仍然属于现代公共关系活动采用的基本模式。

二、中国公共关系的发展历程

◎ 一起来学

中国的公共关系与中国的改革开放同步而生，同步而长，大体可以分为三个阶段。

1. 拿来主义时期（20世纪80年代初—1986年）

突出表现在以下方面：20世纪80年代初，我国沿海改革开放最早的深圳特区中的一些外商独资或中外合资企业率先设立了公共关系部，招聘培养了一大批公共关系从业人员，开始了早期的公共关系业务。1984年世界著名公关公司伟达公关公司在北京设立了办事处，1985年世界上最大的公关公司博雅公关与我国新华社下属的中国新闻发展公司联手成立了中国第一家公共关系公司——诞生于北京的中国环球公共关系公司。

2. 自主发展时期（1986—1993年）

1986年1月，我国第一个公共关系民间团体——广东地区公共关系俱乐部成立，这是我国第一个公共关系机构。1987年6月22日中国公共关系协会在北京成立，标志着公共关系在我国得到了正式确认和接受，公共关系事业的发展由此进入了一个崭新的时期。1991年4月26日中国国际公关协会在北京成立。我国第一部公共关系学专著《公共关系学概论》（塑造形象的艺术）于1986年出版。1994年我国最大的一本公关巨著，550万字的《中国公共关系大辞典》问世。最早问世的一份公共关系专业报纸是由浙江省公共关系协会主办的《公共关系报》。1985年9月深圳大学首先设立了公共关系专业，开设公共关系的必修与选修课程，从此，公共关系开始步入高等学府的讲坛。1994年经国家批准中山大学创办了我国第一个公共关系本科专业，同时在行政管理专业的硕士点招收公共关系研究方向的研究生，从而使我国公共关系的学科化建设迈上了一个新的台阶。

3. 迈入成熟发展时期（1993年至今）

公共关系事业开始步入稳步发展时期，扩展到各种社会组织和行业，如社会团体、科研机构、银行、学校等。20世纪80年代中期到90年代初，名目繁多的公关公司曾风起云涌，90年代初中期，优胜劣汰后生存下来的一些中资公关公司渐渐开始走向专业化、市场化、职业化，在公关市场上逐渐确立了自己的地位。1997年11月15日中国公共关系职业审定委员会成立，标志着我国的公共关系开始真正走上职业化和行业化的道路，不仅促进了公共关系职业的成熟发展，也极大地推进了我国公共关系行业纳入国际化运作轨道的进程。

◎ 一起来说

请同学们说一说，我国政府对国内和国外做了哪些事情来彰显政府信誉和大国形象。

◎ 一起来听

吴耕晨——北京未晚传播总经理

《国际公关》：当下可谓"人人都是自媒体的时代"，您认为在这样的背景下，做好公关传播工作的关键是什么？

吴耕晨：首先，新媒体环境下的公关传播对策划和专业能力的要求更高了，策划时要清楚什么类型的媒体人对哪些话题感兴趣。其次是资源整合能力，自媒体人有商业需求，但也有职业理想。最后是尊重自媒体人，他们有自己的想法，了解适合自己的内容。

（资料来源：中国公关网［第74期/对话］，《吴耕晨：公关行业真正需要的是变形》）

◎ 一起来练

搜集我国古代能体现公共关系思想的经典故事

【实训目标】

（1）通过搜集讲解我国古代蕴含公共关系思想的故事，让学生了解我国的历史文化，增强民族自信心和自豪感。

（2）提高学生资料搜集的能力和语言表达能力。

【实训内容】

读经典，讲经典——从历史故事看公共关系。

【实训组织】

（1）分组：班级学生按4人一组平均分组。

（2）课前搜集古代蕴藏公共关系思想的经典故事，4人一组分角色进行表演式的展示，道具自备。表演结束后每一组由一人总结该故事蕴藏了什么样的公共关系思想。

（3）每组时长不超过 8 分钟。

【实训考核】

"读经典，讲经典"实训考核评分表见表 1-2。

表 1-2 "读经典，讲经典"实训考核评分表

考核人	教师		被考核人	全体学生
考核地点	教室			
考核时长	2 学时			
考核标准	内容		分值（分）	成绩
	准备认真、充分		10	
	对故事的展示表演形象、有吸引力		30	
	关于公共关系思想的总结到位、精练		20	
	团队配合默契、效果好		20	
	态度认真、积极参与		20	
小组综合得分				

任务三　掌握公共关系的道德标准

情境导入

小妮在面试快结束时，部门王经理说："做企业就如同做人，也有它的行业道德标准，你知道公共关系的道德标准是什么吗？"小妮回答说："首先要讲诚信，还有……"

任务描述

公共关系的道德标准是什么？要先弄明白才能用这把尺子去开展公共关系工作。

一、公共关系道德内涵的形成

◎ 一起来学

人类道德的形成与社会文明的起源有紧密相关性，"人类高于动物的一个根本之处，就是他们在创造物质文明的同时，也创造了一个属于他们自己、服务于他们自己、同时也约束他们自己的社会环境，创造出一系列的处理人与人（个体与个体、个体与群体、群体与群体）相互关系的准则。"在文明的构建中，道德随之建立，并成为维护人类文明健康发展的重要保障。在我国，道德的作用被立于至高无上的地位，《左传》中曾提到"夫令名，德之舆也。德，国家之基也。有基无坏，无亦是务乎？有德则乐，乐则能久。"在西方学者的眼里，文明是一个更多含有精神文明内容的概念，它包括价值观、准则、体制和在一个既定社会中被历代人赋予了头等重要性的思维模式。在文明进步的过程中，道德成为维系社会文明与秩序的重要力量。

◎ 一起来看

子产告范宣子轻币

朝代：先秦

作者：左丘明

原文：

范宣子为政，诸侯之币重，郑人病之。

二月，郑伯如晋。子产寓书于子西，以告宣子，曰："子为晋国，四邻诸侯，不闻令德而闻重币。侨也惑之。侨闻君子长国家者，非无贿之患，而无令名之难，夫诸侯之贿，聚于公室，则诸侯贰；若吾子赖之，则晋国贰。诸侯贰则晋国坏，晋国贰则子之家坏。何没没也？将焉用贿？

夫令名，德之舆也。德，国家之基也。有基无坏，无亦是务乎？有德则乐，乐则能久。诗云：'乐只君子，邦家之基。'有令德也夫！'上帝临女，无贰尔心。'有令名也夫！恕思以明德，则令名载而行之，是以远至迩安。毋宁使人谓子，子实生我，而谓子浚我以生乎？象有齿以焚其身，贿也。"

宣子说，乃轻币。

公共关系作为新兴行业，自然不能脱离道德的约束而自行其是，公共关系职业道德从公共关系行业创建伊始，就被立于极为重要的地位，并与其他行业强调道德的重要性有所不同，公共关系作为专司于组织声誉建立的职业,在行业道德的要求上更趋向于向道德顶线看齐。

二、公共关系道德准则

◎ 一起来学

一个行业,会由于其特有的经营形式和与公众接触的方式,形成特定的道德标准;而对公共关系行业来说,由于其产生的道德土壤不同,其形成的道德标准也不同。在公共关系发源地的美国,公共关系有其自身的标准;在20世纪80年代引入我国的公共关系也有自己的特色。

1. 美国公共关系道德准则

1944年美国公共关系协会(APRA)成立,不久,1948年2月美国公共关系学会(PRSA)也随之成立。1964年,以上两个组织合并,成为全美最大的公共关系组织。1954年学会制定了职业标准准则,作为引导和制约公共关系从业人员的职业要求。

美国公共关系协会制定的对公共关系从业人员的职业道德要求中,最突出的有两点:第一,工作态度要诚实,无论是对待社会、媒体、公众还是客户,都应该从内心予以尊重,实事求是,不弄虚作假,踏踏实实做好工作,坦坦荡荡对得起自己;第二,面对同行要尊重,不为生意而攻击同行及其客户,不拆同行台,不破坏同行的业务,但同时,也不纵容或无视同行的违规行为,既要自律,又要拥有正义感,在工作中共同维护行业的声誉和健康发展。

◎ 一起来扫

美国公共关系道德标准

◎ 一起来看

艾维·李的公关职业道德

公共关系的先驱者艾维·李,在他所从事的每一项公共关系活动中都体现出尽职尽责、恪尽职守的良好职业道德。1914年,艾维·李为改变雇主"强盗大王"的形象做了大量的工作。在艾维·李的建议下,雇主集团雇用了一名劳工关系专家来调查此事,并成立了一个劳资联合委员会,负责处理工人对工资及工作环境的各种申诉。同时,艾维·李建议雇主亲自访问工厂,听取工人们的诉怨,与工人们的妻子一起跳舞。当这次访问结束后,雇主在工人们心目中的形象大为改观。此外,艾维·李还为雇主集团设计了一种"更有人情味"的公司形象,协助该集团成立了基金会,专门开展慈善活动;他还举办了多种社会活动,使社会公众和集团高层领导能够互相了解。经过艾维·李的努力,该集团在一般公众心目中的形象得到了大大的改善。

(资料整理来源:余明阳.《公关经理教程》,复旦大学出版社)

2. 中国公共关系道德准则

20世纪80年代初期,伴随着中国的改革开放,公共关系正式登陆中国,很多酒店、企业快速设立了公共关系部。上海市于1986年成立了公共关系协会,1987年中国公共关系协会成立(见图1-12和图1-13),很快其他各省也相继成立了公共关系协会。公共关系事业在中

公共关系与商务礼仪

国大地如春雷滚过后的春苗，开始蓬勃发展起来。1989年9月27日，全国省、市公共关系组织第二次联席会议提出了《〈中国公共关系职业道德准则〉草拟及实施方案》，交于全体与会人员讨论。1991年5月23日在武汉举行的第四次全国省市公共关系组织联席会议上正式通过了该职业道德准则方案（见图1-14）。

图1-12 中国公共关系协会（CPRA）

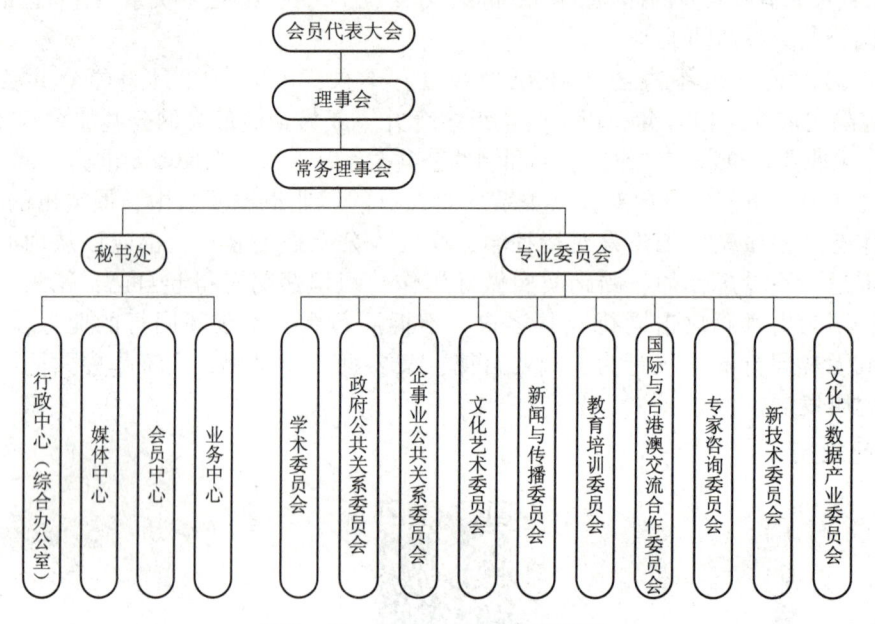

图1-13 中国公关协会组织机构

总则：中国公共关系事业的发展，是中国改革开放的趋势。它以新型的管理科学，协调社会各方面关系，密切党和人员群众的联系，调动各种积极因素，维护安定团结，促进社会主义建设。因此，公共关系工作者肩负着时代的使命，公共关系工作者必须具有高尚的职业道德作为完善自身形象的行为准则。

1. 公共关系工作者应当坚持社会主义方向，自觉遵守我国的宪法、法律和社会道德规范。
2. 公共关系工作者开展公关活动首先要注意社会效益，努力维护公关职业的整体形象。
3. 公共关系工作者在公共关系活动中，应当力求真实、准确、公正和对公众负责。
4. 公共关系工作者应努力提高自己的政治水平、文化修养和公关的专业技能。
5. 公共关系工作者应当将公关理论联系中国的实际，以严肃、认真、诚实的态度来从事公共关系学的教育。
6. 公共关系工作者应当注意传播信息的真实性和准确性，防止和避免使人误解的信息。
7. 公共关系工作者不能有意损害其他公关工作者的信誉和公关实务，对不道德、不守法的公关组织及个人予以制止并通过有关组织采取相应的措施。
8. 公共关系工作者对公关事业应具有高度的责任感，不得利用贿赂或其他不正当手段影响媒介人员进行真实、客观的报道。
9. 公共关系工作者在国内外公共关系实务中应该严守国家和各自组织的有关机密。

图1-14 中国公共关系职业道德准则

◎ 一起来扫

中国公共关系道德标准

3. 国际公共关系道德准则

1955年，国际公共关系协会（见图1-15）在英国伦敦成立。1961年国际公共关系协会在维也纳召开了第二届世界大会，制定并通过了《国际公共关系协会行为准则》；1965年5月大会在希腊的雅典制定并通过了第一个公共关系道德准则——《国际公共关系道德准则》，后俗称《雅典准则》；1968年在伊朗的德黑兰会议上，该准则又被修订，形成了现在的《国际公共关系道德准则》。

《国际公共关系道德准则》的提出，高屋建瓴地指出了公共关系工作的前提就是尊重每一个个体的人权，这个人权是联合国提出的全人类所应共享的基本权利，这样的立足点把公共关系的职业标准提升到跨越国家与民族的差异，达到了普遍共识的高度。同时准则对信息获取的公平性、工作人员个人行为对行业信任度的影响力、沟通的平等性、传播内容的明确性和准确性、就职的忠诚性等均作了极为简约又广泛包含的概述和规定。最值得推崇的是在准则的最后一条，提到了非诱导性，要求公共关系人员在进行传播沟通工作中，应特别注意避免对他人的潜在诱引，不要在貌似无过错的传播中，不顾及信息接收者本身的能力，导致其做出伤害自身或社会的行为。

图1-15 国际公共关系协会（IPRA）

◎ 一起来扫

国际公共关系道德标准

三、公关从业人员道德标准

◎ 一起来学

从美国公共关系职业道德标准、中国公共关系职业道德标准和国际公共关系道德准则，可以看出其中的一些共同之处，每一位公共关系从业人员和每家专业机构应以此为标杆，用心体会，专心遵守（见表1-3）。

表1-3 公共关系从业人员道德标准

共同道德标准	美国	中国	国际
1. 尊重	各会员不能参与有意破坏公众传播渠道诚实性的活动	公共关系工作者应当将公关理论联系中国的实际，以严肃、认真、诚实的态度来从事公共关系学教育	在任何时候任何场合，自己的行为都应赢得有关方面的信赖
2. 公开	会员都应对其目前及以往的客户、雇主、其他会员和公众持公正态度	公共关系工作者在公共关系活动中，应当力求真实、准确、公正和对公众负责	在任何场合，自己均应在行动中表现对自己所服务的机构和公众双方的正当权益的尊重
3. 准确	第三条、第七条等专门强调公共关系从业人员工作中的专业素质	第三条、第六条也十分明确地强调公共关系工作人员要具有一丝不苟、对公众负责的职业态度	第九、第十、第十一条等均阐述了对传播信息工作的态度与责任心的要求
4. 自律	保持公正性、公众性、传播的诚实性和明朗性	公共关系从业人员的同行之间有互相监督的义务	自律道德，如第三条和第四条

◎ 一起来品

尊重、公开、准确、自律是公共关系行业的道德准则。

所有的道德都应该来自内心，行之于自律，但道德的确立从来就不是自然而然的。对公共关系这一新兴行业来说，关注从业人员的道德水准，确立其道德标准，就是在维护这个行业的健康而长久的发展，保持这一行业从业人员的纯洁与新鲜。道德如水，柔软无形，尊者视之为神明，弃者视之为敝屣，但无论任何人在社会行为中，都必须自觉接受道德的检阅。公共关系行业走过一个多世纪并仍然在蓬勃发展，充分证明了道德的力量，证明了道德守则的存在价值。

◎ 一起来扫

公关行业道德标准

◎ 一起来练

演讲比赛

【实训目标】
(1) 通过以"职业道德"为主题的演讲比赛,增强学生的职业道德意识和修养。
(2) 提高学生的写作能力和语言表达能力。

【实训内容】
完成一篇 2 000 字左右的以"职业道德"为主题的演讲稿,题目自拟。

【实训组织】
(1) 课前搜集资料,独立完成演讲稿的撰写。
(2) 随机抽取学生进行现场演讲,时长不超过 5 分钟。
(3) 评委:教师和全体学生。

【实训考核】
演讲考核评分表见表 1-4。

表 1-4 演讲考核评分表

考核人	教师和全体学生		被考核人	全体学生
考核地点	教室			
考核时长	2 学时			
考核标准	内容	分值(分)	成绩	
	演讲时间把握得当	10		
	演讲稿语言凝练、结构紧凑、逻辑清晰、详略得当、有理有据	45		
	演讲精彩、抑扬顿挫、表达清晰、声情并茂	45		
个人综合得分				

项目小结

• 准确理解公共关系的概念,公共关系与庸俗关系、人际关系的区别,广告和宣传的区别。

• 理解并掌握公共关系三要素:社会组织、社会公众和传播沟通;社会组织分为公共关系部、公共关系公司和公共关系社团;社会公众具有整体性、多样性、变化性、相关性、能动性和共同性。

• 理解并运用公共关系的五大原则进行公关活动的开展:实事求是、互惠互利、全员公关、双向沟通、开拓创新。

• 了解公共关系经历了四个发展阶段:巴纳姆时期、艾维·李时期、伯内斯时期和"双向对称模式"时期。

• 理解并运用公共关系行业道德标准来开展公关工作:尊重、公开、准确和自律。

点石成金

公共关系是内求团结、外求发展的艺术。

公关经理是谋划社会组织形象的思想者，展示社会组织形象的组织者，创造社会组织形象的指挥者。

课堂讨论

1. 组织内部的公共关系部门应配备哪些人员？对人员有何要求？
2. 举例说明公共关系的构成要素有哪些？各要素之间有何联系？
3. 假设你已拿到一家排名前 10 的专业公关公司的聘用通知书，请为你自己设计一份公关职业生涯规划。
4. 你认为在疫情的影响下，公共关系行业发展的重点是什么？

项目二　公共关系调查

📝 项目导学

公共关系调查是企业开展公关工作的关键前置环节，同时也是公关活动的"圆心"。运用定量、定性分析，来了解企业公关历史、现状，并结合公众对企业的意见、态度、反馈等要素，分析并预测企业内外关系的发展态势。再结合分析预测的发展态势，发现影响公众舆论的因素并确定社会客观环境状况、企业自身公关状态以及存在的具体问题。公共关系调查意义重大，必须用科学严谨的态度去执行，才能为后续工作提供有价值的参考。

📝 学习目标

职业知识：了解公共关系调查的重要性，熟悉组织进行公共关系调查的基本内容，掌握公共关系调查常见方法的适用范围和执行步骤，熟悉公共关系调查报告的撰写格式和要求。

职业能力：培养学生运用公共关系调查方法进行调查的能力，以及根据调查结果进行数据整理分析、初步撰写公共关系调查报告的能力。

职业素质：培养学生树立凡事讲科学、用数据说话、尊重事实的调查意识，以及在调查执行中严格执行调查步骤、客观反映组织公关形象的素质。

📝 思维导图

```
公共关系调查 ──┬── 公共关系调查内容 ──┬── 组织自身情况调查 ── 基本情况、实力情况
              │                      ├── 组织社会形象调查 ── 知名度、美誉度
              │                      └── 社会环境调查 ── 宏观环境、微观环境
              │
              ├── 公共关系调查方法 ──┬── 观察法 ── 含义、适用性、优缺点
              │                      ├── 访谈法 ── 含义、适用性、优缺点
              │                      ├── 问卷法 ── 含义、适用性、优缺点
              │                      └── SD法 ── 含义、适用性、调查步骤、优缺点
              │
              └── 公共关系调查报告 ── 类型、特点、结构
```

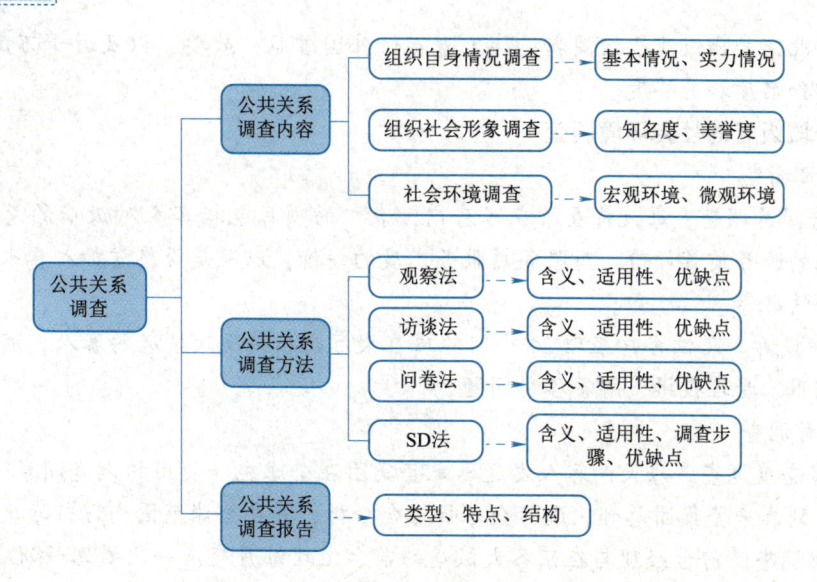

> 引导案例

长城饭店的公关调查内容

北京长城饭店是1979年6月由国务院批准的全国第三家中外合资合营企业。该饭店于1983年12月试营业，是北京6家五星级饭店中开业最早的饭店，是北京第一座玻璃大厦，80年代十大建筑之一。长城饭店之所以能在激烈的竞争中立于不败之地，成为京城饭店的佼佼者，除了优质的服务和出色的营销工作，饭店管理者认为公共关系工作在塑造饭店形象上也发挥了重要的作用。

在日常经营过程中，公关人员首先对长城饭店基本情况和社会情况两个方面进行了调查，并定期分析酒店经营的社会环境，做到囊中有物、心中有数，这样在策划公关活动时才能扬长避短、有的放矢。

一、长城饭店基本情况调查

北京长城饭店是国内第一家中外合资的五星级豪华饭店，坐落于东三环北路10号，毗邻中央商务区、燕莎商务圈和使馆区，临近农业展览馆和中国国际展览中心，距离北京首都国际机场仅25分钟车程。饭店占地面积15 000平方米，建筑面积82 000平方米，地面垂直高度82.64米。饭店共有829间精心布置且百分之百无烟的舒适客房，可满足不同客人需求并提供全方位舒适豪华的五星级服务。饭店拥有总面积达1 900平方米的多功能空间，可举办多达1 200人参加的晚宴。同时，饭店拥有总面积达1 131平方米的无柱式宴会厅，可容纳900人同时就餐，是举办婚礼的绝佳场所。酒店拥有四间风格各异的餐厅，同时配有健身中心、室内游泳池、日光浴、桑拿、商务中心、美容美发中心、旅行社和礼品店等。

二、长城饭店的社会形象调查

北京长城饭店由国际著名的仕达屋酒店集团旗下品牌喜来登酒店管理公司管理。1984年，在北京长城饭店举办的里根总统的答谢宴会使长城饭店举世闻名。随后，北京市副市长证婚的95对新人集体婚礼、颐和园的中秋赏月和十三陵的野外烧烤等系列公关活动使长城饭店声名鹊起。

至今，北京长城饭店已经圆满接待了逾百位外国首脑、政要，以及近千万海内外宾客，享有较高的知名度和美誉度。

三、长城饭店的社会环境调查

(一) 日调查

1. 客房问卷调查。每天将表放在客房内，表中的项目包括客人对饭店的总体评价，对十几个类别的服务质量评价，对服务员服务态度的评价，以及是否愿意加入喜来登俱乐部和客人的游历情况等。

2. 接待投诉。几位客户经理24小时轮班在大厅内接待反映情况的客人，随时随地帮助客人处理困难、受理投诉、解答各种问题。

(二) 月调查

1. 顾客态度调查。每天向客人发送喜来登集团在全球统一使用的调查问卷，每日收回，月底集中寄到喜来登集团总部，进行全球性综合分析，并在全球范围内进行季度评比。

2. 行业调查。前台经理与在京各大饭店的前台经理每月交流一次游客情况，互通情报，共同分析本地区的形势。

(三) 半年调查

喜来登总部每半年召开一次世界范围内的全球旅游情况会,其所属的各饭店的销售经理从世界各地带来大量的信息,相互交流、共同研究,使每个饭店都能了解世界旅游形势,站在全球的角度商议经营方针。这种系统的全方位调研制度,宏观上可以使饭店决策者高瞻远瞩地了解全世界旅游业的形势,进而了解本地区的行情;微观上可以使决策者了解本店每个岗位、每项服务及每个员工的工作情况,从而使他们的决策有的放矢。

(资料来源:http://www.guayunfan.com/lilun/89675.html)

任务一　掌握公共关系调查内容

情境导入

经过面试，小妮已经成功入职重庆高科信息技术有限公司了。刚入职不久，部门王经理希望她先了解公司的情况再开展工作，于是让她对公司的公共关系进行调查。小妮接到任务便着手开展工作了。

任务描述

公共关系调查是什么？组织的公共关系调查又包含哪些内容呢？

一、公共关系调查的含义

◎ 一起来学

公共关系调查是指具体的社会组织根据公共关系管理的需要收集信息和处理信息，依据对信息的研究发现问题，确立公共关系目标并提出实现目标的措施这样一个完整的工作程序。公共关系调查也是一种社会实践活动，是公共关系业务的一项专门技术，它不仅是信息管理的基本手段，也是开展其他公共关系活动的必备前提，不论是组织的形象管理，还是协调、危机处理或具体公共关系举措的策划与运作，都离不开事先的公共关系调查。

◎ 一起来品

调查，是做好一切工作的基础。

二、公共关系调查的内容

（一）组织自身情况调查

◎ 一起来学

组织自身情况调查主要针对企业的政策、程序、行为和出现的问题，以及关键人物的行为和观念进行分析，之后对相关的各部门在活动过程中的行为，结合企业历史问题进行分析。

1. 基本情况

企业有形规划情况：包括经营性质、类型与规模，组织架构、管理体制、主管机构、人员构成，以及战略规划、经营方针、产品与服务的特色等。

企业无形规划情况：包括曾经的荣誉、发展史、社会贡献、获奖情况，以及能够与企业文化中理念、规范、精神、宗旨等各方面契合的项目。

2. 实力情况

物质实力：包括经营场地空间、先进设施设备，以及拥有的附属物质情况。

技术实力：包括专业工作人员的基数和知识体系构成，以及相关研发器材、实验经验、技术专利等。

财务实力：包括企业的固定资产、流动资产，以及其总额、人均利润率等。

待遇状况：包括员工薪资、奖励机制、补贴标准，以及其他福利待遇情况。

◎ 一起来扫

员工对待工作的态度调查

(二) 组织社会形象调查

◎ 一起来学

组织社会形象是社会公众对组织的认识和评价。组织形象调查是个人或机构对组织实际形象进行评价，以及为分析自我期望形象与实际形象的差距所进行的调查。组织社会形象调查主要基于知名度和美誉度两个方面进行。

1. 组织形象知名度调查

知名度是社会组织被公众所知晓的程度，是某一区域内知晓组织的公众数量与该区域内公众总数的比值，比值越大说明该组织的知名度越高，反之则越低。

2. 组织形象美誉度调查

美誉度是指对社会组织有一定认知程度的公众中，对组织持信任、赞赏态度的人数的百分比，比值越大说明该组织的美誉度越高，反之则越低。

在对组织社会形象进行分析的过程中，常用的工具为组织形象四象限图（见图2-1）。

横坐标为知名度，从左到右逐渐增高；纵坐标为美誉度，从下到上逐渐增高。

象限一为高知名度高美誉度区，如果组织处于这个区域，说明形象是最佳的，那就继续维持和巩固已有的公关形象。

象限二为低知名度高美誉度区，如果组织处于这个区域，说明形象是良好的但知晓的人不多，这就需要扩大宣传提高知名度来提升公关形象。

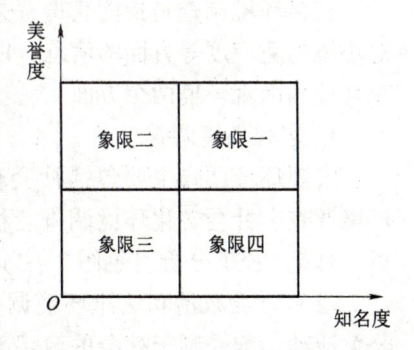

图2-1 组织形象四象限图

象限三为低知名度低美誉度区，如果组织处于这个区域，说明形象是一般的，这就需要提高知名度和美誉度来提升公关形象。常言道"好酒也怕巷子深"。

象限四为高知名度低美誉度区，如果组织处于这个区域，说明形象是恶劣的，这就需要增加美誉度来挽回公关形象。

◎ 一起来说

你知道哪些久负盛名和臭名昭著的企业？这些名气对于企业发展有何影响？

公共关系与商务礼仪

◎ 一起来扫

组织社会形象调查

◎ 一起来听

范红——清华大学新闻与传播学院教授、国家形象传播研究中心主任

爱德曼国际公关公司携手清华大学国家形象传播研究中心发布了《2022年爱德曼信任度调查中国报告》，发布会现场，范红教授表示："在这次发布中，我们可喜地看到中国民众对政府的信任保持了全球第一，这充分说明了中国政府在积极解决社会问题、改善民众生活、战胜疫情困难、提升信息透明等诸多方面获得了广大民众的深度信任。同时，我们也看到，信任度的建立不仅需要切实的行动，同时也需要真实的信息。传播高质量信息是所有利益相关方与公众的社会责任。"

（资料来源：中国关系网，《2022年爱德曼信任度调查中国报告：打破失信循环》）

◎ 一起来品

中国民众对政府的这份信任源于中国共产党和中国政府的担当作为。

（三）社会环境调查

◎ 一起来学

社会环境调查是指能获得有关企业与环境之间的关系状态、环境对企业的影响度、企业对环境的适应度等方面的信息，以便寻找自身最佳立足点的调查。公关社会环境调查包括宏观环境和微观环境两个方面。

1. 宏观环境调查

宏观环境调查主要包括社会政治和法律环境调查、经济环境调查、社会文化环境调查、科技环境调查等，常用的分析工具是 PEST 分析（见图 2-2）。

（1）社会政治和法律环境调查（Political）。企业的各种公关活动，均受制于社会的政治和法律环境。因此，调查有利于企业依法办事，在公众中树立良好的声誉。社会政治和法律环境调查主要包括政府领导体制、民主法治建设、公民的政治素质、民主法律意识、权利与义务观念、政府的方针、政策等。

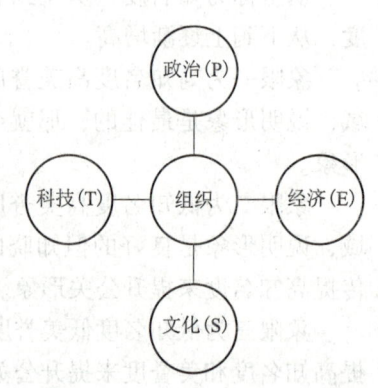

图 2-2 宏观环境 PEST 分析

◎ 一起来品

买卖以"诚"为尺，经营以"法"为度。

（2）经济环境调查（Economic）。公关策划活动有无活力，与社会经济形势有着密切的关系，正确判断社会经济形势，认识经济运作机制，掌握市场经济的热点，是策划公关活动的基本前提。经济环境调查主要包括国家的经济走势和发展趋势，自然资源、能源的储备与

开发状况，国家的外贸、外汇管理与发展情况，国民平均收入水平，公众的储蓄和信贷情况、金融投资以及消费支出情况。

（3）社会文化环境调查（Social）。社会环境调查包括民族特征、文化传统、价值观念、宗教信仰、风俗习惯、民族历史、传统文化、地域文化和时尚文化的基本特征、外来文化的相容性和未来文化的发展趋势等。

（4）科技环境调查（Technological）。随着现代科技的迅速发展、计算机网络的广泛运用，信息传播十分快捷。电子商务的崛起，为企业科学策划公关活动，及时把握机遇，占领市场提供了条件。科技环境调查主要是了解新的科技成果转化成新产品的信息，以及提供公关调查手段的信息。

在此基础上，公关活动宏观环境调查还有人口环境分析和自然环境分析。人口环境分析包括人口数量分析、人口结构分析及人口分布分析。自然环境分析包括自然资源的分布分析及发展趋势分析等。这些与公关活动策划都密切相关。

◎ 一起来听

詹伟锋——北大中文系出身的公关人，曾两次被评为"中国国际公共关系协会最佳经理人"

《国际公关》：5G时代到来了，汽车公关的传播方式会有较大转型吗？

詹伟锋：疫情和5G的叠加影响，将会成为公关加速往视频化方向发展的催化剂。疫情迫使公关往线上走，几个月时间大大小小的活动都改成线上直播，对从业人员和受众而言，会形成很强的惯性。而且大家发现，在直播的形式上，只要平台选择和策划执行到位，就会效率很高、效果很好，投入产出比也远超线下活动。所以即使疫情过去，线上直播的品牌发布会也会与线下发布会和试驾体验活动并驾齐驱。

（资料来源：中国公关网［第100期/对话］，《詹伟锋：汽车公关需要百科全书式的通才+专业工程师式的专才》）

◎ 一起来品

科技点燃梦想，创新成就未来。

◎ 一起来说

新冠疫情的暴发，对于公共关系调查内容而言，属于宏观环境还是微观环境？新冠疫情给公共关系行业带来了哪些影响？

2. 微观环境调查

微观环境调查包括组织公众及竞争对手两个方面。组织公众包括消费者、政府、媒体、社区居民、员工、股东等。竞争对手分析包括竞争者判断、竞争策略分析及竞争反应模式等。微观环境是直接制约和影响企业公关活动的力量和因素。企业必须对微观环境进行分析，以便更好协调企业与这些相关群体的关系，促进企业公关目标的实现。

◎ 一起来扫

《2020年爱德曼信任度调查中国报告》节选

公共关系与商务礼仪

◎ **一起来做**

A国一家食品制造商准备与我国合资建立婴幼儿食品厂。但是，生产什么样的食品来开拓广阔的中国市场呢？筹建食品厂的初期，这家食品制造商做了大量调查工作，多次召开"母亲座谈会"，充分吸取公众的意见，广泛了解消费者的需求，征求母亲对婴儿产品的建议，摸清各类食品在婴儿哺养中的利弊。之后进行综合比较，分析研究，根据母亲们提出的意见，试制了些样品，免费提供给一些托幼单位试用；收集征求社会各界对产品的意见、要求，相应地调整原料配比，他们还针对中国儿童食物缺少微量元素、造成儿童营养不平衡及影响身体发育的现状，在食品中加进一定量的微量元素，如锌、钙和铁等，使产品具有极大的吸引力，普遍地受到中国母亲的青睐。于是，这家企业的婴儿营养米粉等系列产品迅速走进千千万万中国家庭。

问题：试运用公关调查内容的相关知识分析这一案例侧重的公关调查内容属于哪个方面？

分析提示：本案例侧重的是对消费者的调查研究，通过对消费者的调查去发现消费者和潜在的消费者群。此案例说明，企业一定要重视对消费者的调查研究，搞清消费者对产品的需求趋势，为自己的产品定位找到科学的依据，这样才可以帮助企业赢得市场。

（资料来源：www.doczj.com/doc/124c8b0d77a20029bd64783e0912a21615797ffd－2.html）

◎ **一起来练**

公关调查内容头脑风暴

【实训目标】
(1) 通过案例分析，加深学生对公共关系内容的认识和理解。
(2) 培养学生的团队合作意识。
(3) 提高学生的语言表达能力和逻辑思维能力。

【实训内容】
案例背景请扫描下面二维码查看。

◎ **一起来扫**

公关调查"先搞清这些问题"

2. 问题
请你为本案例中的公司编写公关调查内容，同时说说公关调查与公关活动的关系。

【实训组织】
(1) 分组：班级学生分成4~5人一组。
(2) 各个小组结合所学知识，利用头脑风暴充分讨论以上问题，并得出明确的答案。
(3) 小组派一名发言人展示小组讨论结果，如展示不全面，其他成员可以补充。
(4) 小组展示后，教师和全体学生利用班课等工具，根据考核表（见表2-1）的评分细则对每个小组打分。

【实训考核】

表 2-1　公关调查内容头脑风暴实训考核评分表

考核人	教师和全体学生		被考核人	全体学生
考核地点	教室			
考核时长	2 学时			
考核标准	内容	分值（分）		成绩
	贴合案例背景	10		
	条理清晰、内容完整	30		
	团队合作意识强	20		
	态度认真、积极参与	20		
	语言表达流畅	20		
小组综合得分				

任务二　运用公共关系调查方法

情境导入

小妮花了两天时间梳理出了公司公共关系调查的内容，她舒了一口气。但更艰巨的任务正等着她，该用什么样的调查方法去实施调查呢？具体的步骤又是怎样的呢？凭一己之力去开展调查相当有难度，这时她敲响了王经理办公室的门……

任务描述

公共关系调查方法有哪些？具体实施步骤和注意事项是什么？

一、观察法

◎ 一起来学

（一）观察法的含义

观察法是指调查人员根据一定的调查目的、调查提纲或观察表，用自己的感官和辅助工具去观察被调查对象，从而获得资料的一种方法。科学的观察具有目的性和计划性、系统性和可重复性。观察者一般利用眼睛、耳朵等感觉器官去感知观察对象。由于人的感觉器官具有一定的局限性，观察者往往要借助各种现代化的仪器和手段，如照相机、录音机、显微录像机等来辅助观察。

◎ 一起来看

观察法之神秘顾客调查法

神秘顾客是由经过严格培训的调查员，在规定或指定的时间里扮演成顾客，对事先设计的一系列问题逐一进行评估或评定的一种调查方式。神秘顾客调查法属于观察法的一种。

神秘顾客调查法的起源可追溯到文化人类学对原始部落居民生活和文化的观察。在我国，摩托罗拉、麦当劳等跨国公司最先引入神秘顾客调查法，随后中国移动、中国电信等大型本土企业也开始推行了暗访制度。近年来，人们开始探索神秘顾客调查法在机场、商业银行、医院、连锁企业、图书馆等行业的服务质量、绩效考核等方面的运用，在星级酒店的运用则让神秘顾客调查法在市场调查中占据了非常重要的地位。

（二）观察法的适用性

常见观察法的适用范围见表2-2。

表2-2　常见观察法的适用范围

外形观察			店铺观察			流量观察	
动作	外形	衣着	购物环境	服务态度	商品陈列	顾客流量	顾客速度

◎ 一起来看

观察法之"垃圾学"

查尔斯·巴林先生创造了一种观察法，成为市场调查中的一种特殊的、重要的方法，那就是"垃圾学"，它源于查尔斯·巴林先生在20世纪初对芝加哥街区垃圾的调查。1970年，美国一家食品公司成功运用"垃圾学"为其产品确定了目标受众。该公司为了弄清楚哪个阶层的人更喜欢他们生产的罐头，于是派人到大街小巷去观察人们扔下的垃圾袋，以获取所需数据。

（三）观察法的优缺点

1. 观察法的优点

（1）简便易行。调查人员可灵活安排，对现场发生的现象进行观察和记录，灵活性较高，简单易行，同时能获得生动的资料。

（2）排除干扰。观察法在自然状态下进行，不要求被调查者配合，避免了一些被调查者拒绝参与的尴尬情形。

（3）收集到的资料比较客观。观察法通常在被调查者不知情的情况下进行，避免了对被调查者的影响，所观察到的信息较客观，真实可靠。

2. 观察法的缺点

（1）只能观察表面，不能说明内在动机，深度不够。

（2）对调查人员素质要求较高。调查人员素质不过硬往往导致观察结论误差。观察者必须具备丰富的调查知识和熟练的操作技能、敏锐的观察力、必要的心理学理论及良好的道德规范。

◎ 一起来扫

观察法调查提纲

◎ 一起来做

根据前面视频中学习的观察法调查提纲的编写要点，为接下来的观察情境编写一份观察提纲。

情境：假设某高校的学生食堂有八个就餐窗口，每个窗口承包给了不同的承包商经营，学校后勤部门想要侧面了解哪个窗口的饭菜更受学生欢迎。请用观察法进行调查，为后勤部门拟一份观察提纲，通过调查让学校更好地对食堂进行管理。

二、访谈法

◎ 一起来学

（一）访谈法的含义

访谈法是指访谈员通过和受访者面对面交谈来了解受访者的心理和行为的调查方法，这种方法既有事实的调查又有意见的征询,具有较好的灵活性和适应性。对组织进行公关方面的访谈既可以是组织的领导接受媒体访谈,从而扩大组织的知名度;也可以是对核心公众就本组织的一些事情进行访谈,从而了解公众的态度,以便更好地去改进。

(二)访谈法的适用性

访谈法并不依据事先设计的问卷或固定的程序,而是只有一个访谈的主题或范围,由访谈员与受访者围绕这个主题或范围进行比较自由的交谈,因此,适合小范围比较有深度的调查项目。

◎ 一起来听

桑德拉——资深公关人士

现在有的公关公司在给企业高管提供应对媒体的培训中更多是提醒受访人表现对媒体的尊重,而非真诚。因为真诚是有风险的,而尊重则容易表现也容易被感知。这就夸大了媒体的负面性,从而把重点都放在了防范和不出错上,把受访人培训得极度谨慎和无聊;太关注应答技巧和照本宣科的规定信息,而忽略了受访人个性和真诚的力量;太强调采访现场问答之间的控制权争夺,而无视最终稿件的可读性。简单来说,目前培训更多关注的是一场各方愉悦的采访现场,而不是一篇出彩的采访报道。

时间宝贵,表演太累,希望未来都不要在采访上浪费。

(资料来源:中国公关网第 64 期)

◎ 一起来品

对待媒体,需要谨慎,更要真诚。

(三)访谈法的优缺点

1. 访谈法的优点

(1)灵活性强。访谈的最大长处就是弹性大、灵活性强,它有利于充分发挥访谈双方的主动性和创造性。

(2)深入、细致。访谈法可以根据访谈主题循序渐进,深入、细致地收集所需信息。

2. 访谈法的缺点

(1)对访谈主持人要求高,需要全场控场能力。

(2)访谈方法所得的资料难以进行统计处理和定量分析。

(3)组织难度大,特别耗费时间,使访谈的规模受到较大的限制。

◎ 一起来说

你知道哪些公关访谈节目?著名的访谈节目主持人杨澜常比喻:"访谈就像鸭子划水,水面上看似悠然自得,但脚必须在水下拼命使劲。"你是怎么理解这句话的?

三、问卷法

◎ 一起来学

(一)问卷法的含义

问卷法即问卷调查法,是根据调查目的,将所需调查的信息具体化,设计成问卷的形式,由调查者发出问卷,被调查者做出回答后,经过统计分析从而获得公众意见或行为的一种调查方法。问卷法是目前国内外公关调查中较为广泛使用的一种方法。

(二) 问卷法的适用性

问卷调查法最重要的工具就是调查表，调查表里的调查内容是固定的，易于推广，适合调查内容比较浅显的大规模调查项目。

(三) 问卷法的优缺点

1. 问卷法的优点

(1) 突破时空限制，在广阔范围内，对众多被调查者同时进行调查。这是问卷调查法的最大优点。

(2) 更加方便对调查结果进行定量研究。

(3) 节省人力、时间和财力。

2. 问卷法的缺点

(1) 缺乏弹性，很难作深入的调查。

(2) 不容易争取被调查者的配合。在进行问卷调查的过程中，被调查者往往有一些主观或客观的拒绝态度，这是在所难免的。

(四) 问卷的结构

(1) 问卷的开头部分，也称为开场白或者卷首语，由标题、称谓、问候语、调查目的、致谢、填表说明、编号七个部分组成（见图 2-3）。一个规范的问卷格式和开场白能给被调查者留下良好的印象。

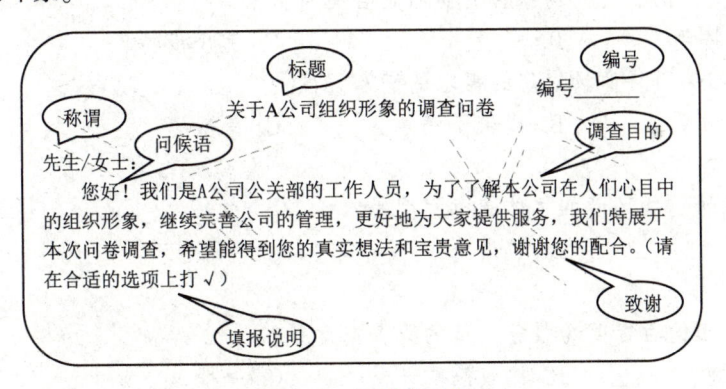

图 2-3　问卷卷首语

(2) 正文部分，是问卷的主体，采用问题的形式设计。可以设计封闭式问题，需要被调查者采用做选择题的方式进行回答；还可以设计开放式问题，需要被调查者用自己的语言对问题进行回答。

(3) 结束语。问卷的结束语一般是对被调查者的配合表示感谢。

◎ 一起来说

你是否参与过问卷调查？你的身份是调查者还是被调查者？作为调查者，在进行问卷调查过程中，有哪些注意事项？

◎ 一起来做

沈阳商贸百货业市场调查问卷

1. 您的性别
   A. 男　　　　　　　　　B. 女
2. 您的年龄？
   A. 15~25 岁　　　　　B. 25~35 岁　　　　　C. 35~45 岁　　　　　D. 45 岁以上
3. 您月可支配收入是？
   A. 0~2 000 元　　　　B. 2 000~4 000 元　　C. 4 000~8 000 元　　D. 8 000 元以上
4. 您认为沈阳商场购物交通是否方便？
   A. 满意　　　　　　　B. 比较满意　　　　　C. 一般　　　　　　　D. 比较不满意
   E. 不满意
5. 您知道沈阳各大百货商场各个楼层是卖什么商品吗？
   A. 知道，我很熟悉　　　　　　　　B. 了解一点，印象不深　　　　　C. 不知道
6. 您在沈阳的百货商场内消费是否开心、享受？
   A. 是　　　　　　　　　　　　　　B. 否
7. 沈阳的百货商场给您的印象是？
   A. 商品繁多　　　　　　　　　　　B. 对商场的某服饰品牌比较中意
   C. 商场服务十分优质且人性化　　　D. 商场的购物体验良好
8. 您认为沈阳的百货商场销售的商品是否有特色？
   A. 非常有特色　　　　B. 一般　　　　　　　C. 完全没特色
9. 目前沈阳的百货商场对您的需求的满意程度是？
   A. 非常不满意　　　　B. 比较不满意　　　　C. 一般　　　　　　　D. 比较满意
   E. 非常满意
10. 您对商场购物环境的总体满意程度是？
    A. 满意　　　　　　　B. 较满意　　　　　　C. 一般　　　　　　　D. 不太满意
    E. 不满意
11. 您对沈阳的百货商场服务人员的服务态度是？
    A. 非常满意　　　　　B. 比较满意　　　　　C. 一般　　　　　　　D. 比较不满意
    E. 非常不满意
12. 您对沈阳的百货商场商品的时尚度感觉是？
    A. 满意　　　　　　　B. 比较满意　　　　　C. 一般　　　　　　　D. 比较不满意
    E. 不满意
13. 促销的商品（实物）与广告相符感觉？
    A. 满意　　　　　　　B. 比较满意　　　　　C. 一般　　　　　　　D. 比较不满意
    E. 不满意
14. 您认为商场使顾客满意最重要的是？
    A. 服务到位　　　　　B. 质量保证　　　　　C. 价格低廉　　　　　D. 环境优美
    E. 方便停车　　　　　F. 其他

问题：1. 以上市场调查问卷结构是否合理？
　　　2. 以上市场调查问卷内容是否完善？
分析提示：1. 问卷缺少卷首语部分。
　　　　　2. 有的问题选项存在包含与被包含的关系，且具有诱导性语言。

（五）设计问题时的注意事项

（1）问题用语要准确具体。

（2）问题避免使用诱导性用语。

（3）遵循可靠性原则。

（4）问题设计还需考虑应答者回答问题的能力。

◎ 一起来扫

问卷法

四、SD 法

◎ 一起来学

（一）SD 法的含义

SD 法，又称语意差别分析法，是利用量表一次性集中测量被调查者所理解的某个词或概念含义的手段。针对这样的词或概念设计出一系列双向形容词量表，请被调查者根据对词或概念的感受、理解，在量表上选定相应的位置。

（二）SD 法的适用性

语义差异量表以形容词的正反意义为基础，标准的语义差异量表包含一系列形容词和它们的反义词，在每一个形容词和反义词之间有多个区间，被调查者根据实际感受选择对应的区间，因此，SD 法广泛适用于需要进行比较分析的调查项目。

（三）SD 法的步骤

1. 编制一个组织形象要素调查表

调查表通常由调查项目、评价等级、等级分数构成。调查项目可以根据组织希望了解的内容进行设置，比如经营理念、业务水平、服务态度、收费高低、办事效率、公司规模等，表格左边为调查项目的正面描述，右边为反面描述。评价等级从右到左依次提高，可以是五个等级，也可以是七个等级（如非常不好、相当不好、稍微不好、中等、稍微好、相当好、非常好），总之等级个数应为奇数。在每个等级的右边线上从右到左以 0 开始依次标上等级分数。这样，一份组织要素调查表就制作好了。

2. 转化语意为数值

通过对被调查者的匿名调查，对调查收集到的被调查者评价按等级进行归类汇总，将每个调查项目每个评价等级的被调查者人数填写在对应的方框里。

3. 计算平均语意数值

计算出每一个调查项目的加权平均数，并将平均数标注在该调查项目下面的横线上，再把每个点连接起来，形成一条被调查者对组织形象的评价曲线。

4. 编制形象内容间隔图

我们用同样的方法对组织的管理层进行调查，也得到一条管理层对组织形象的评价曲线。两条曲线图进行对比，可以发现在每一个调查项目上公众与组织管理层的认知都是有差异的，这也是正常现象。

图 2-4 是小妮运用 SD 法调查到的高科公司的组织形象差异图。

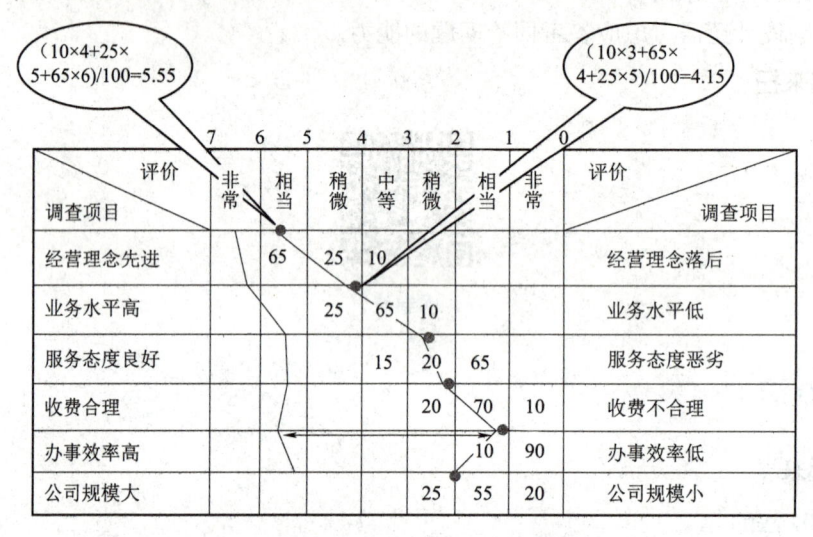

（10×4+25×5+65×6)/100=5.55

（10×3+65×4+25×5)/100=4.15

评价 调查项目	非常 7	相当 6	稍微 5	中等 4	稍微 3	相当 2	非常 1	0	评价 调查项目
经营理念先进		65	25	10					经营理念落后
业务水平高			25	65	10				业务水平低
服务态度良好				15	20	65			服务态度恶劣
收费合理					20	70	10		收费不合理
办事效率高						10	90		办事效率低
公司规模大					25	55	20		公司规模小

图 2-4　高科公司组织形象差异图

（四）SD 法的优缺点

1. SD 法的优点

这种方法极为灵活，易于构思，便于使用和记分。

2. SD 法的缺点

被调查者往往倾向于对自己的感情喜好作夸大的描述，因而会产生误差。

◎ 一起来扫

SD 法

◎ 一起来做

重庆乐和乐都景区位于重庆市永川区，占地面积 5 000 余亩，总投资 30 亿元，是西南地区首家国家级主体公园，也是重庆市最大的野生动物生态旅游景区。为了提高服务质量，乐和乐都的管理人员希望调查出公众对乐和乐都组织形象的评价，从而找出管理层和公众间的差异。请你通过 SD 法对乐和乐都组织形象进行调查。

◎ 一起来练

公关调查问卷设计

【实训目标】

(1) 通过公关调查问卷设计，加深学生对公共关系问卷调查法的认识和理解。

(2) 培养学生的团队合作意识。

(3) 提高学生的语言表达能力和逻辑思维能力。

【实训内容】

重庆市新世纪百货公司是重庆市著名的大型国有零售企业。为了促进服务质量的提高，重庆市新世纪百货公司拟开展一场公关调查。假设你是重庆市新世纪百货公司的公关人员，请你为该商场设计一份关于商场服务质量及公共关系形象的调查问卷。

【实训组织】

(1) 分组：班级学生分成 4~5 人一组。

(2) 各个小组结合所学知识，利用头脑风暴充分讨论并完成问卷设计。

(3) 小组派一名发言人展示小组讨论结果，如展示不全面，其他成员可以补充。

(4) 小组展示后，教师和全体学生利用班课等工具，根据考核表（见表 2-3）的评分细则对每个小组打分。

【实训考核】

表 2-3 公关调查问卷设计实训考核评分表

考核人	教师和全体学生		被考核人	全体学生
考核地点	教室			
考核时长	2 学时			
考核标准	内容	分值（分）		成绩
	问卷结构完整	10		
	问题设计紧扣主题	30		
	选项设计无逻辑错误	20		
	态度认真、积极参与	20		
	展示环节语言表达流畅	20		
小组综合得分				

任务三　撰写公共关系调查报告

情境导入

经过前期对公司公共关系调查内容的梳理和历时两个多星期的调查，以及相应的数据整理、分析，小妮到公司亲自参与的第一个项目接近尾声。最后是撰写调查报告，这个工作是对前面工作过程和实施调查结果的展示，也是开展公关活动的依据。

任务描述

公共关系调查报告的格式是什么？在撰写时有哪些要求呢？

一、公共关系调查报告的定义

◎ 一起来学

所谓公共关系调查报告，是指用以反映公共关系调查所获得的主要信息成果或初步认识成果的一种书面报告。

公共关系调查报告是公共关系调查成果的集中体现，以方便社会组织的领导者或公共关系部门的负责人参考利用，使他们免去全面查阅所有原始资料之累，有利于将公共关系调查成果尽快地应用于公共关系科学运作过程中，以求得良好成效。

二、公共关系调查报告的分类

◎ 一起来学

公共关系调查报告依据调查对象的范围和内容的不同，可以分为综合型公共关系调查报告和专题型公共关系调查报告。

（一）综合型公共关系调查报告

综合型公共关系调查报告主要是用于整体的调查和全面调查，涉及面比较广泛，引用的材料也比较多，而且报告内在的层次性和系统性要求比较高，报告的整体分量比较重。譬如，进行企业发展战略的策划，不仅要进行知名度、美誉度的调查，还要进行企业内部基本实态调查分析，对自己的产品、广告宣传、营销方式等各个方面进行一系列的调查，除了了解自己，竞争对手的情况、本行业发展趋势等也要调查分析，这种综合型公共关系调查报告才能满足它的实际需要。综合型公共关系调查报告要展示调查内容的全貌，既要梳理纵向的发展线索，又要梳理横向各部分之间关系，注意到内外之间的联系和相互影响，从而使组织的决策者对调查对象的历史、现状和趋势有一个全面、立体的认识。

（二）专题型公共关系调查报告

专题型公共关系调查报告是围绕某一个具体的公共关系问题进行调查之后所写的报告，它涉及的问题较为单一，针对性强。每个报告所涉及的内容范围相对集中，报告具有显著的实用性。专题型公共关系调查报告按内容划分，主要有概述基本情况的专题报告、透视热点情况的专题报告、经验总结性的专题报告、查找教训原因的专题报告、建议性的专题报告等。

◎ 一起来扫

CIPRA 发布《中国公共关系业 2020 年度调查报告》

◎ 一起来说

生活中，你见过哪些具体的公关调查报告？是什么样的形式？

三、公共关系调查报告的特点

◎ 一起来学

（一）较强的针对性和实用价值

针对性和实用价值是调查报告的灵魂。对任何一个组织而言，需要了解和掌握的各种信息是十分广泛的，应该说内容越多越好，但是，每项公共关系调查都有相应的目的，公共关系调查报告要围绕本次调查的目的要求，针对所要解决的问题来展开报告的写作，以体现调查报告的实用价值。

（二）数据准确，真实客观

公共关系调查报告另一个突出的特点，是要通过大量的调查材料和确凿的数据、典型事例，来说明社会环境的变化和发展，反映组织形象的变化和现状，找到组织存在的问题，寻找公众的社会需求。撰写报告时要避免主观臆造，既不能夸大和缩小事实，也不能对材料各取所需、张冠李戴、移花接木。

◎ 一起来品

出真实数据，确保组织决策的科学有据；
做扎实工作，诠释统计人生的平凡风雅。

（三）时效性

公共关系调查报告必须讲究时间效益，在真实、客观的前提下，只有做到及时才能体现其实用价值，如果报告没有及时到达使用者手中致使其错过了决策良机，无论该报告多么真实和客观，也是不能充分发挥自身价值的。

（四）新颖性

公共关系调查报告应紧紧抓住市场活动的新动向、新问题，根据一些人们未知的、通过调查研究得到的新发现，提出新看法，形成新观点。只有这样的调查报告，才有使用价值，达到指导企业市场经营活动的目的，不要把众所周知的、常识性的或陈旧的观点和结论写进去。

四、公共关系调查报告的结构

◎ 一起来学

(一) 封面

封面上首先应写上标题，如：××公司关于知名度和美誉度提升的调查报告。除此之外，还可以在封面上注明调查单位名称、调查时间、组织图片等信息。如果是委托第三方专业的公关公司进行调查，还应写明委托方与被委托方的单位名称。

(二) 导语

导语是对本次公关调查的情况作简明扼要的说明。首先，要说明本次公共关系调查的原因和目的：调查什么问题，解决什么问题以及调查的意义；其次，说明调查对象、范围、主要调查方式和手段；再次要说明调查的主要过程，即调查时间、调查地点和大致经过等。

(三) 目录

公共关系调查报告如果内容较丰富，装订页码较多，从方便阅读对象的角度出发，应当使用报告目录或索引。目录的页码必须从第一页开始；同时注意标题的等级设置和标题之间的行距。

(四) 正文

正文是调查报告陈述情况、列举调查材料、分析论证的主体部分。正文主要围绕以下四个方面来撰写：

(1) 调查组织与调查实施方案。这一部分主要介绍调查问卷的设计过程，比如调查时间、区域安排、人员安排、实施方案等。

(2) 数据统计结果及分析。这一部分的写作要依赖于对前期调查资料进行去伪存真、去粗取精的整理，根据统计出的相关数据制作出统计图表，并对图表进行文字说明和数据分析。

(3) 存在的问题。根据第二部分的统计数据来分析组织在哪些方面存在什么样的问题，这些问题就是事后进行公关改进的依据。

(4) 建议。围绕存在的问题，报告的撰写人员应该提出自己的见解，以便相关决策者参考。

(五) 参考文献

参考文献是调查报告撰写过程中所参阅过或引用过的相关资料，一般包括书、期刊、报纸和网站。按照文献资料的作者、文献名称、类型、出版单位、时间等顺序进行编排。

(六) 附录

附录部分的内容一般都对正文报告有补充作用，比如，问卷样本、访谈大纲、观察方案提纲、数据统计的汇总表等。

(七) 致谢

对在公关调查过程中给予自己和团队帮助的组织和个人表示感谢。

◎ 一起来扫

公关调查报告格式

◎ 一起来看

A大学××学院组织形象调查报告

☞ 封面（略）
☞ 导语
随着教育改革的进一步深入，人们越来越注重学校的教学质量与知名度，对我校组织形象调查是我校进一步优质发展，提高教育质量与知名度的必要课题。本次调查采用针对A大学外人士问卷调查的形式，共发放100份问卷。调查结果显示，A大学××学院的知名度还不高，但印象佳美誉度较高。文中提出通过加强宣传、提高教学质量、美化校园环境等方式来不断提高学校的知名度与美誉度。

☞ 目录（略）
☞ 正文

一、调查目的
了解当前A大学××学院组织形象的现状，以便寻找构建A大学××学院良好组织形象的策略。

二、调查意义
能够起到透过现象看本质的作用，为学校的活动和策划提供有效的依据和指导。

三、调查对象
A大学外人士中随机抽取100名。在发放的100份问卷中，有63%的人（63人）知晓A大学××学院，并认真填写了调查问卷，另外还有37%的人（37人）不知晓或问卷没能收回的情况。

四、调查地址
珠海市、佛山市顺德区、广州市、汕头市。

五、调查方式
方便抽样调查。

六、调查时间
2020年9月27日至10月3日。

七、调查内容
A大学××学院知名度、美誉度调查。

八、调查结果
（一）样本基本情况
在同意调查的63人中，男士占44%（28人），女士占56%（35人）。学生占17%（11人），职场人士占74%（47人），家庭主妇占9%（5人）。

（二）知名度调查结果

调查显示，A大学××学院的知名度在人们心中还不高，宣传阻碍力比较大，而且调查中发现人们普遍通过网络途径得知A大学××学院。

（三）美誉度调查结果

通过对学院的印象、校风情况、校园环境、对学院学生的印象、是否有报考的意愿、对学院的展望等问题的调查了解了A大学××学院的美誉度。调查结果显示，大部分人对学院第一印象较好，校风、环境、学生素养、所报的期望等都取得了认可，但当提到学校对外宣传的阻碍力、报读本校意愿时却收到了中下的评判，被调查者报读意愿不高。

九、对策建议

1. 进一步加大宣传力度。多利用新媒体手段进行学校宣传，提高知名度，如抖音、小红书、视频号等。
2. 踊跃参加地区性或全国性竞赛，提高知名度与美誉度。
3. 在高考结束后多进行户外宣传。
4. 到农村地区进行优质生资助入学等形式的宣传。
5. 鼓励、支持学术研究，踊跃在各类杂志报纸上刊登学术类论文等。
6. 按期对教师进行培训，提高教育质量。
7. 将大学生礼仪列为必修课。
8. 按期组织学生、教师、领导代表进行研讨会，对学校近期发生的事件进行总结归纳并提出相关意见。
9. 提高学校的绿化面积，多种植绿色植物，改善校园环境。
10. 多参加地域性和全国性学校教学质量评比等，不断提高学校的知名度与名誉度。

☞ 参考文献（略）

☞ 附录（略）

☞ 致谢（略）

（资料来源：https://wenku.baidu.com/view/0c86dbb152ea551811a6875d.html）

◎ 一起来练

组织公关形象调查及报告撰写

【实训目标】

（1）通过公关调查报告的撰写，加深学生对公共关系调研报告的认识和理解。

（2）培养学生的团队合作意识。

（3）提高学生的语言表达能力和逻辑思维能力。

【实训内容】

民以食为天，食堂是每所大学的饮食保障。请为本校学生食堂进行一次满意度调查，并撰写本校食堂满意度调查报告。

【实训组织】

（1）分组：班级学生分成4~5人一组。

（2）各个小组结合所学知识，利用头脑风暴充分讨论调查的内容，选择调查方法，并完成调查报告的撰写。

（3）小组派一名发言人展示小组讨论结果，如展示不全面，其他成员可以补充。

（4）小组展示后，教师和全体学生利用班课等工具，根据考核表（见表 2-4）的评分细则对每个小组打分。

【实训考核】

表 2-4 调查报告撰写实训考核评分表

考核人	教师和全体学生		被考核人	全体学生
考核地点	教室			
考核时长	2 学时			
考核标准	内容	分值（分）		成绩
	调查报告结构完整，清晰	20		
	内容图文结合，数据翔实	30		
	真实，并提出了建设性意见	20		
	展示环节语言表达力强	20		
	态度认真、积极参与	10		
小组综合得分				

项目小结

- 准确理解公共关系调查的内容：组织自身情况调查、组织形象调查、社会环境调查。
- 理解、掌握并应用公共关系调查的方法——观察法、访谈法、问卷法、SD 法，充分认识到每种方法在进行调查时的优缺点，扬长避短将方法结合起来调查。
- 掌握公共关系调查报告撰写的要求和基本格式，能进行简单项目的报告撰写。

点石成金

在成为一个优秀的销售代表之前，你要成为一个优秀的调查员。

公共关系调查是开展公共关系一切工作的前提。

课堂讨论

1. 公共关系调查的重要性有哪些？
2. 公共关系调查法之 SD 法的调查步骤是什么？
3. 在进行公共关系调查问卷设计时有哪些注意要点？
4. 公共关系调查报告的基本框架是什么？

项目三　塑造组织公关形象

项目导学

在竞争日益激烈的社会中,组织的社会形象已成为一个组织立足社会的必备条件。组织形象是一个组织向社会介绍自己的最好名片,是重要的无形资产,树立良好的组织形象对组织的生存和发展至关重要。组织公关形象的塑造需要上至高管下至基层多方面的公众去全方面公关。内求团结、外塑形象,事事无小事,件件是大事,塑造组织公关形象永远在路上。

学习目标

职业知识:了解组织形象的特点,理解组织进行 CIS 系统设计的重要性,掌握 CIS 中 MI、BI、VI 的基本构成要点和设计原则。

职业能力:培养学生全面认识组织形象并养成全员公关的意识,能分析组织当前的 CIS 系统构成,并结合调查现状进行 CIS 完善以提高组织形象。

职业素质:通过学习培养学生的全局意识、大局意识,树立主人翁意识。

思维导图

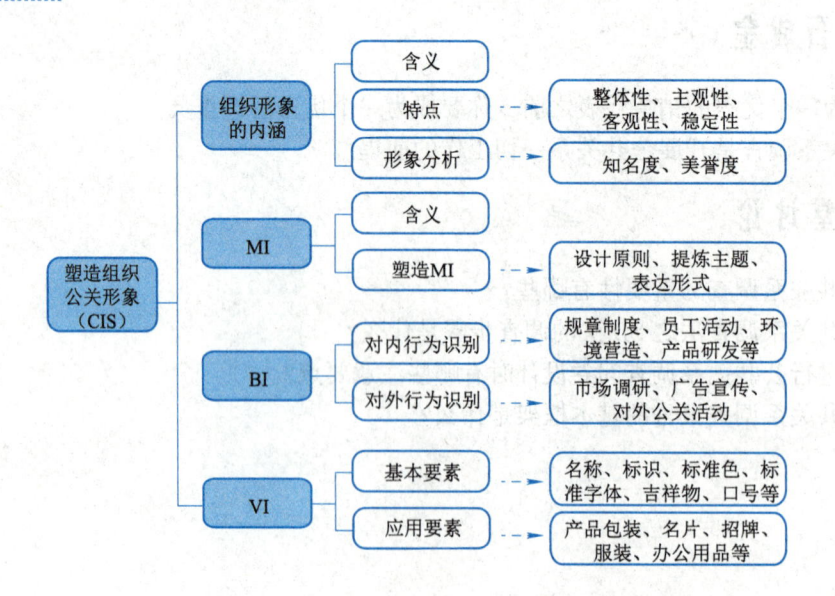

```
                        ┌─ 含义
          ┌─ 组织形象 ──┼─ 特点 ──→ 整体性、主观性、客观性、稳定性
          │   的内涵    └─ 形象分析 ──→ 知名度、美誉度
          │
          │             ┌─ 含义
          ├─ MI ────────┤
塑造组织  │             └─ 塑造MI ──→ 设计原则、提炼主题、表达形式
公关形象 ─┤
 (CIS)   │             ┌─ 对内行为识别 ──→ 规章制度、员工活动、环境营造、产品研发等
          ├─ BI ────────┤
          │             └─ 对外行为识别 ──→ 市场调研、广告宣传、对外公关活动
          │
          │             ┌─ 基本要素 ──→ 名称、标识、标准色、标准字体、吉祥物、口号等
          └─ VI ────────┤
                        └─ 应用要素 ──→ 产品包装、名片、招牌、服装、办公用品等
```

项目三　塑造组织公关形象

> 引导案例

后疫情时代，青岛文旅局积极推动目的地形象升级

为重振疫后游客出行的信心，重塑青岛健康、安全旅游目的地的形象，青岛市文化和旅游局策划发起"青岛安好"主题代言行动。"青岛安好"旨在展示疫情结束后青岛"一切安好"的生机景象，文旅市场"重振旗鼓"，希望和人们相约在岛城，使城市重焕活力。

活动通过邀请行业代表、知名艺人、全体市民多方进行代言，为"青岛安好"做背书，构建游客出行安全感，通过丰富多样的形式持续向大众传递出"青岛安好"的信号，激活本地及周边旅游市场，助力青岛文旅行业的疫后恢复。

首先，官方推出了与浪漫、文化、活力、生态、休闲、现代相约的六大主题预热海报，展示青岛多样的文旅资源（见图3-1）。

图3-1　"青岛安好"主题预热海报

其次，邀请了来自青岛本地的十位行业代表和十位工匠代表，为他们定制系列"有声海报"，邀请他们为"青岛安好"共同发"声"（见图3-2）。

图3-2　"青岛安好"代表发声

再次，青岛市文化和旅游局以联合海报的形势向山东省内14个地市发出"欢迎山东老乡来青岛做客"的邀请，获得了省内客源地及游客的积极反馈（见图3-3）。

图3-3　"欢迎山东老乡来青岛做客"邀请海报

最后，为将"青岛安好"活动话题声量最大化，青岛市文化和旅游局邀请了六位来自青岛的知名艺人，作为"2020年守护青岛活动推广大使"为家乡旅游业复苏发声，同时也借助明星效应，引发更多人关注环境保护，守护青岛，守护大自然，引起大众的广泛关注和强烈反响。

（资料来源：中国公关网 https：//www.chinapr.com.cn/263/202007/2689.html）

项目三　塑造组织公关形象

任务一　理解组织形象的内涵

情境导入

小妮撰写的关于公司在知名度和美誉度方面的公关调查报告受到了部门王经理的表扬："写得很详细、客观，建议很有可行性。"王经理让她在明天的会议上对公司目前的组织形象进行汇报。

任务描述

一个组织的形象具有哪些特征呢？主要从哪些方面分析组织形象？

一、组织形象的含义

◎ 一起来学

所谓组织形象，就是社会公众对组织综合评价后所形成的总体印象。组织形象包括的内容很多，如组织精神、价值观念、行为规范、道德准则、经营作风、管理水平、人才实力、经济效益、福利待遇等，组织形象是这些要素的综合反映。

理解和把握组织形象的含义应包括三个要点：
（1）组织形象感觉的主体是社会公众。
（2）组织形象塑造的主体是组织自身。
（3）组织形象是社会公众对组织所形成的综合印象。

◎ 一起来说

请说一说目前你就读的学校在你心目中的形象是怎样的。

二、组织形象的特征

◎ 一起来学

组织形象具有以下几个特征：

1. 整体性

组织形象是一个有机的整体，形象是由组织内部诸多因素共同作用的结果。以一个企业为例，企业形象包括：
（1）企业历史、社会地位、经济效益、社会贡献等综合性因素；
（2）员工的思想、文化、技术素质，以及服务方式、服务态度、服务质量等人员素质因素；
（3）产品质量、产品结构、经营方针、经营特色、基础管理、专业管理、综合管理等经营管理因素；
（4）技术实力、物质设备、地理位置等其他因素。

这些不同的因素形成不同的具体形象，但这些具体形象只是构成企业整体的基础，而完整的企业形象是各个要素所构成的具体要素的总和，这才是对组织具有决定性意义的宝贵财富。公众不可能全面了解组织的所有情况，他们的印象大部分源于他们所能接触到的组织的一个或少数几个方面的情况，这就要求组织要认真对待每一个方面、每一个环节，从而在公众心目中形成良好的总体印象。

◎ 一起来品

不可避免的晕轮效应会让人对组织以偏概全，唯有全面塑造形象方能取胜。

2. 主观性

组织形象是公众对组织的意见或看法，因而是一种主观性的东西。因为社会公众本身具有差异性，他们的社会地位、价值观念、思维方式、认识能力、审美标准、生活经历等各不相同，他们观察组织的角度、审视组织的时空维度也不相同，这样社会公众对同一企业及其行为的认识和评价就必定有所不同，"公说公有理，婆说婆有理"就是这个道理。

3. 客观性

组织形象是客观的，基于一种统计规律。组织形象是公众的意见或看法，这个公众不是单个的人或少数群体组织，而是一个公众的集合。个人的意见是主观的、可变的，但作为一个整体的公众或大多数公众的意见则是客观的。虽然大多数人也可能被误导或因其他原因而产生错误看法，但这正是公关状态的一种反映。如果不从整体公众的角度来理解，便无法形成组织形象。因为做得再完美的企业都有反对者，再蹩脚的公关也会有人拍手叫好。

4. 相对稳定性

当社会公众对组织产生一定的认识和看法以后，一般会保持一段时间，而不会轻易改变或消失，这就是组织形象的相对稳定性。这种稳定性可能会产生两种结果，其一是组织因良好形象被维持而受益，其二是组织因不良形象难以改变而受损。当然形象不是一成不变的，但要改变一种形象总是不容易的。

◎ 一起来说

人际关系具有的四大效应，即首因效应、近因效应、光环效应、晕轮效应，这对组织形象的塑造有什么启发？

三、组织形象的表现形式

◎ 一起来学

组织形象的总体表现形式就是组织的知名度和美誉度，知名度和美誉度又是组织形象的基本标志。

知名度，是指一个组织被公众知晓、了解的程度，是评价组织名气大小的客观尺度，侧重于"量"的评价，即组织对社会公众影响的广度和深度。

美誉度，是指一个组织获得公众信任、好感、接纳和欢迎的程度，是评价组织声誉好坏的社会指标，侧重于"质"的评价，即组织的社会影响的美丑、好坏，以及公众对组织的信任和赞美程度。

打品牌有两层含义，一是知名度，二是美誉度。"一个品牌需要让消费者产生丰富的联想。"品牌战略专家李光斗表示,若通过广告单单在知名度上做文章的话,会显得比较单薄;而通过公益营销等一系列活动,体现企业社会责任感,全方位塑造企业公益形象对现代企业来说非常重要。

◎ 一起来做

案例1:××年××月,广西北海市某公司以60万元高价购得一个吉祥号码"901888"创全国电话号码拍卖之最,新闻媒介报道后,引起广泛的关注和评论。企业的名虽然打出去了,但并没有产生预期的效果。

案例2:某汽车生产公司总裁乘车外出,看到公路上一辆接一辆如蚂蚁般的汽车,突然想到,假如我们不顾一切地生产汽车、销售汽车,汽车排放的废气将加剧空气污染,恶化城市环境,最终还会引起社会公众的不满。于是,他便定下一个方针:今后每卖一部车,便在街上种一棵树。后来,该公司将卖车所得的利润的一部分转为植树费用,用来美化城市街道。公司这一举措,在公众中树立了很好的印象。

问题:这两个公司的行为造成的不同结果的原因是什么?

分析提示:北海某公司高价竞拍之举,不能说是一次成功的公关活动。因为这一举动虽然能获得一时的轰动效应,也能显示其经济实力,但此举本身社会意义甚微,无助于倡导一种积极向上的文明科学之风。它履行社会责任义务成分较少,既不足以展现高档企业的社会形象,也不能获得社会大众广泛的认同和赞赏,知名度和美誉度难以同步发展。另一个公司的种树之举却赢得了知名度和美誉度的同步提高,形象效应油然而生。

◎ 一起来品

满意度是今天的市场,美誉度是明天的市场,忠诚度是永远的市场。

◎ 一起来练

班级形象

【实训目标】
(1) 强化学生集体荣誉感的意识。
(2) 让学生了解一个组织形象的构成要素。

【实训内容】
向课任教师、辅导员、宿舍管理员等调查你所在班级的形象。

【实训组织】
(1) 分组:班级学生按4人一组自由组合。
(2) 罗列班级形象的构成要素。
(3) 向相关人员进行采访。
(4) 形成一份班级形象调查报告。

【实训考核】
班级形象调查评分表见表3-1。

表 3-1　班级形象调查考核评分表

考核人	教师		被考核人	全体学生
考核地点	教室			
考核时长	2 学时			
考核标准	内容		分值（分）	成绩
	班级形象调查罗列因素全面		20	
	构成要素具有可调查性		20	
	调查过程真实、有效		30	
	调查报告撰写客观、结论明确		20	
	小组成员积极参与、配合默契		10	
小组综合得分				

项目三　塑造组织公关形象

任务二　运用 CIS 设计之 MI

情境导入

小妮为了能在明天的会议上对公司目前的组织形象调查结果作出精彩汇报，正在进行充分的准备。她觉得客观的陈述组织目前的社会形象是必要的，但更重要的是针对调查现状，能提出提升公司形象的建设性的意见。她决定从建立企业形象识别系统的三个方面来展开。首先是 MI。

任务描述

CIS 是什么？MI 又是什么？从哪些方面来塑造组织的 MI？

一、CIS 的含义

◎ 一起来学

CIS 被称为企业形象识别系统，也叫企业形象设计，它是指企业有意识地、有计划地将自己企业的各种特征向社会公众主动地展示和传播，使公众在市场环境中对某一个特定的企业有一个标准化、差别化的印象和认识，以便更好地识别并留下良好的印象。

CIS 系统由三部分构成。即理念识别系统（Mind Identity System），简称 MI；行为识别系统（Behavior Identity System），简称 BI；视觉识别系统（Visual Identity System），简称 VI。

◎ 一起来扫

CIS 的构成

◎ 一起来听

德国起源说：	意大利起源说：	中国起源说：	美国起源说：
20 世纪初，德国建筑设计师彼德贝汉斯首先在 AEG 电器公司生产的系列化电器产品上设计了统一的标识，成为 CIS 战略中视觉识别应用的典范	20 世纪初，意大利青年企业家奥利维蒂，非常注意公司的标识设计，专门聘请专家为自己的公司设计了统一的标识。有人认为，这是 CIS 的雏形	中国在历史上就有应用形象识别系统的例证。据考证我国北宋时期就已将标识广泛应用于招聘、商品包装和宣传领域	目前，大多数人倾向于美国起源说。以当时 IBM 公司董事长沃特森主持推行的 CIS 计划作为 CIS 战略的创立标识

二、MI 的含义

◎ 一起来学

MI 是企业生产经营过程中设计、科研、生产、营销、服务、管理等经营理念的识别系统。一个组织的 MI 主要包括发展规划、企业精神、企业价值观、企业信条、经营宗旨、经营方针、市场定位、产业构成、组织体系、社会责任等，它属于企业文化的意识形态范畴。表 3-2 为著名企业的部分 MI。

表 3-2 著名企业的部分 MI

企业	经营管理	文化特征	人力资源	品牌特征
海尔	OEC 管理	斜坡球体	赛马不相马	海尔是海
联想	拧毛巾	搭班子，定战略，带队伍	大棒+胡萝卜	1+1=联想
蒙牛	98%法则	三个三原则	木匠观点	蒙牛是草原

◎ 一起来品

理念像灯塔，具有导向功能；理念像发动机，具有激励功能；理念像紧箍咒，具有规范功能；理念像磁石，具有凝聚功能；理念像光和热，具有辐射功能；理念像标志，具有识别功能。

◎ 一起来扫

MI

三、MI 的塑造

◎ 一起来学

（一）MI 基本要素设计的原则

（1）把握行业特点，例如：工业企业——质量、成本、服务；金融企业——廉洁性、社会服务性；服务行业——热情、舒适、温馨；交通运输企业——安全、快捷、准时；商业企业——服务、信誉；高科技企业——技术尖端与开拓精神。

（2）企业的经营方针应具有指导性。

（3）企业的理念形象应符合企业关系者的期待。

（二）理念形象的提炼与表达

MI 设计的主题和原则见表 3-3。

项目三　塑造组织公关形象

表 3-3　MI 设计的主题和原则

语言文字设计的主题	语言文字设计的思路	语言文字设计的原则
1. 企业理念宣言； 2. 企业的社会角色； 3. 面向消费者和客户的公约； 4. 企业未来发展设想或目标； 5. 企业及全体员工行为规范； 6. 模范或理想员工的塑造； 7. 企业精神标语或口号	1. 爱国主义； 2. 集体主义； 3. 主人翁精神； 4. 奉献精神； 5. 科学精神； 6. 创业精神； 7. 服务精神	1. 准确； 2. 简练； 3. 对人要有亲和力； 4. 要有高尚的文化意蕴； 5. 生动形象、动人以情； 6. 随社会潮流和市场形式的变化不断推陈出新

(三) 企业理念的表现形式

MI 的表现形式见表 3-4。

表 3-4　MI 的表现形式

口号	条例	标语	歌曲	座右铭
表明企业的社会意义；明确事业领域；主张与社会协调	把反映企业精神的行为准则以条例的形式加以表现，制定成文件公布，如松下公司的"松下精神"	把企业理念用格言、警句加以表达，以标语的形式，广泛张贴，以达到宣传的目的	厂歌是贯彻企业理念的有力工具，也是企业文化的一个重要方面	把企业理念提炼成座右铭，时刻给人们以提醒

◎ 一起来说

你知道什么是"木匠观点"吗？这个观点对组织 MI 的设计有什么启发？

◎ 一起来看

小米公司理念识别系统

北京小米科技有限责任公司（以下简称"小米公司"）如众多知名企业一样有较完善的 CIS 系统，其中 MI 理念识别系统如下：

1. 经营目标

公司目标：使手机取代电脑，做顶级智能手机。

经营目标：重新发明手机。

2. 经营理念

产品理念：为发烧而生。

经营理念：为发烧而生，双方共赢。

3. 企业精神

精神口号：小米要完成不可能完成的任务。

企业精神：自由、创新、极客、团队。

4. 企业文化

小米公司没有森严的等级，每一位员工都是平等的，每一位同事都是自己的伙伴。小米

61

公司崇尚创新、快速的互联网文化。

5. 企业特性

小米公司要做一家移动互联网公司,手机只是小米公司业务的一部分,更重要的是做移动互联网。

6. 发展策略

为更多"米粉"提供小米手机及其配件自提、小米手机的售后维修及技术支持等服务。

(资料来源:朱崇娴,《公共关系原理与实务》,高等教育出版社)

◎ 一起来练

组织的理念识别要素搜集

【实训目标】

(1) 加强学生对组织 MI 内容的掌握和重要性的认识。

(2) 训练学生对组织 MI 的理解分析和完善的能力。

【实训内容】

以你所在学校为公关主体,搜集学校的理念识别系统的构成要素,进行分析并提出你的建议。

【实训组织】

(1) 分组:班级学生按 4 人一组自由组合。

(2) 罗列学校的 MI 构成要素。

(3) PPT 展示并阐述搜集到的学校现有的 MI。

(4) 提出你的建议。

【实训考核】

组织的理念识别要素搜集考核评分表见表 3-5。

表 3-5 组织的理念识别要素搜集考核评分表

考核人	教师		被考核人	全体学生
考核地点	教室			
考核时长	2 学时			
考核标准	内容		分值(分)	成绩
	组织的 MI 构成要素搜集全面		20	
	阐述得当,理解到位		30	
	PPT 展示清晰,表达清楚		20	
	建议有见地,有可行性		20	
	小组成员积极参与、配合默契		10	
小组综合得分				

任务三　运用 CIS 设计之 BI

情境导入

王经理赞同小妮关于公司 MI 的梳理和完善建议，并表示需要进一步提交公司高层进行讨论，积极献言献策也是公关部门的分内之事。接下来小妮开始介绍关于 BI 的调查情况。

任务描述

BI 是什么？从哪些方面来塑造组织的 BI？

一、BI 的含义

◎ 一起来学

BI 是 MI 的外化和表现。如果说 MI 是企业的"想法"，那么 BI 则是企业的"做法"，即通过组织内部和外部开展相关活动或是制定相关政策来传达企业理念，以获得社会公众对企业的识别与认同。BI 分为对内行为识别和对外行为识别。

◎ 一起来看

麦当劳的理念行为化

理念	行为
Q——质量	QG——品质导正手册
S——服务	SOC——岗位检查表
C——清洁	OTM——营业训练手册
V——价值	MDT——管理人员训练

二、对内行为识别

对内行为识别包括员工教育、生产福利、工作环境、组织活动、交流研讨等，通过组织的各种制度、行为规范、管理方式等体现出来，从而获得组织员工的认同（见表 3-6）。由于员工是将组织形象传递给外界的重要媒介，公众可以不借助其他传播媒介，而直接通过员工的行为来认识组织，因此组织在塑造 BI 时，需要全体员工的共同努力。

表 3-6　对内行为识别的构成

企业行为规范化管理	指挥系统、企业决策、产品流转、专业工作、岗位工作等	
企业管理制度策划	企业宏观管理制度策划	管理体制、领导制度、规章制度等
	职能部门管理制度策划	计划、财务、人力资源、生产、技术、营销活动、行政管理制度等

续表

企业行为规范化管理	指挥系统、企业决策、产品流转、专业工作、岗位工作等	
企业组织行为策划	企业环境营造	物理环境、人文环境
	员工教育设计	干部培训、职工培训
产品和服务策划	新产品开发、品牌/价格/包装策划、销售水平	
宣传活动策划（对内）	企业自有媒体设计策划：微博、官网、公众号、宣传栏等	
企业员工行为规范策划	企业员工的工作规范	行为准则、个体/群体工作环境设计
	企业员工的礼仪规范	仪表仪容规范、社交礼仪

◎ 一起来听

迪士尼公司积极待客态度

迪士尼乐园工作的新员工无论级别多高，在上班初期均被安排到迪士尼大学进修。大学负责人乔·拉姆说，这是因为迪士尼不仅注重游客的安全，还要求员工将服务视为对游客的最重要的"演出"和有"效率"的表现。

迪士尼大学基本课程有以下七大待客规定：

1. 永远保持微笑，以身体语言表现对游客的体贴；
2. 要与游客有视线接触，使他们感到被重视；
3. 必须尊重游客并主动与游客接触；
4. 要牢记迪士尼乐园要求带给所有游客快乐回忆的使命；
5. 经常保持友善的态度，主动协助游客；
6. 主动与所有游客打招呼；
7. 一定要向游客说声"多谢"。

◎ 一起来扫

BI　　　　　**内部员工公关**

三、对外行为识别

（1）通过市场调查，向市场推出适销对路的产品。
（2）做到精湛周到的售后服务。
（3）开展公益活动，赞助社会公益事业。
（4）开展有效的广告宣传。

◎ 一起来扫

让社会责任与企业公关在公益中并驾齐驱

◎ 一起来品

不管是营利组织,还是非营利组织,成功必然是始于利益,终于公益。

◎ 一起来看

小米公司行为识别系统

北京小米科技有限责任公司(以下简称"小米公司")如众多知名企业一样有较完善的CIS系统,其中行为识别系统如下:

1. 最全面的便捷快速咨询服务

小米公司设置了24小时电话客服、小米之家、微博、米聊等一系列的服务方式,客户可以获得关于小米官方产品最全面的信息。

2. 最快捷、省心的售后服务

当用户的产品出现问题时,小米之家为您提供快速、省心、贴心的售后服务。

3. 最有爱的米粉俱乐部

小米之家会不定期地举行各种互动活动,比如微博抽奖、小米同城会、小米设计大赛等来持续刺激客户,时刻给客户带来超值的体验。

4. 小米手机目标人群:手机发烧友

小米手机的一大战略就是"低价高配"的电子商务平台销售,最大限度地省去中间环节,运营成本相比传统品牌能大大降低,从而降低终端销售价格。

(资料来源:朱崇娴,《公共关系原理与实务》,高等教育出版社)

◎ 一起来练

组织的行为识别要素搜集

【实训目标】

(1)加强学生对组织 BI 内容的掌握和重要性的认识。

(2)训练学生对组织 BI 的理解分析和完善的能力。

【实训内容】

以你所在学校为公关主体,搜集学校的行为识别系统的构成要素,进行分析并提出你的建议。

【实训组织】

(1)分组:班级学生按4人一组自由组合。

(2)罗列学校的 BI 构成要素。

(3)PPT 展示并阐述搜集到的学校现有的 BI。

(4)提出你的建议。

【实训考核】

组织的行为识别要素搜集考核评分表见表3-7。

表3-7 组织的行为识别要素搜集考核评分表

考核人	教师		被考核人	全体学生
考核地点	教室			
考核时长	2学时			
考核标准	内容		分值（分）	成绩
	组织的BI构成要素搜集全面		20	
	阐述得当，理解到位		30	
	PPT展示清晰，表达清楚		20	
	建议有见地，有可行性		20	
	小组成员积极参与、配合默契		10	
小组综合得分				

任务四 运用 CIS 设计之 VI

情境导入

小妮对公司现有的 VI 也进行了梳理。

任务描述

VI 是什么？它包含哪些要素？

一、VI 的含义

◎ 一起来学

VI 是指企业的视觉识别系统，它就像树叶一样，是人们最直接看到的部分，也即是说在 CIS 系统里面 VI 是最外在、最直接、最具有传播力和感染力的部分。VI 是以企业标志、标准字体、标准色彩为核心展开的完整的视觉传达体系，通过视觉符号的统一化来传达企业精神与经营理念，有效地推广企业及其产品的知名度，形成企业固有的视觉形象。

VI 包括基本要素系统（企业名称、企业标识、标准字、标准色、企业造型等）和应用要素系统（产品造型、办公用品、服装、招牌、交通工具等），通过具体符号的视觉传达设计，直接进入人脑，留下企业的视觉影像。

二、VI 的构成要素

下面以中国爱巢房地产开发有限公司为例介绍。

（一）基本要素系统

1. 组织标识（见图 3-4）

组织标识是组织视觉识别系统的核心，是组织特定发展阶段企业精神的凝聚，它将直接影响并指导企业下一步发展。

图 3-4 组织标识

公共关系与商务礼仪

2. 标识标准色（见图3-5）

#E11BAC #000000

图3-5　标识标准色

3. 组织常用中文字体（见图3-6）

汉仪书宋一简
中国爱巢房地产开发有限公司
汉仪新魏简体
中国爱巢房地产开发有限公司
汉仪中黑简体
中国爱巢房地产开发有限公司
汉仪大黑体
中国爱巢房地产开发有限公司

图3-6　组织常用中文字体

4. 组织简称中文字体（见图3-7）

中文简称标准字阳图　　中文简称标准字阴字　　中文简称标准制图法

爱巢　　爱巢　　爱巢

图3-7　组织简称中文字体

5. 组织中英文全称与标识组合（见图3-8）

全称应用阳图　　全称应用阴图　　全称应用制图法

中国爱巢房地产有限公司
CHINA LOVEHOUSE ESTATE LIMITED COMPANY

图3-8　组织中英文全称与标识组合

◎ 一起来扫

VI的基本要素系统

（二）应用要素系统

1. 名片（见图3-9）

名片是企业对外的重要沟通途径之一，具有广泛的传播效应，名片的设计要充分体现组织的形象特征。

2. 工作证（见图3-10）

工作证是组织形象的重要识别物之一，对内产生强烈的凝聚力，对外能形成良好的印象，设计应力求有效的识别性。

图3-9　名片 　　　　　　　　　图3-10　工作证

3. 手提袋（见图3-11）

手提袋是组织对外沟通的重要途径之一，直接体现组织形象，装一些组织的手册让消费者参考，既能引发消费者的购物欲望，又能树立良好的企业公众形象。

4. 信封（见图3-12）

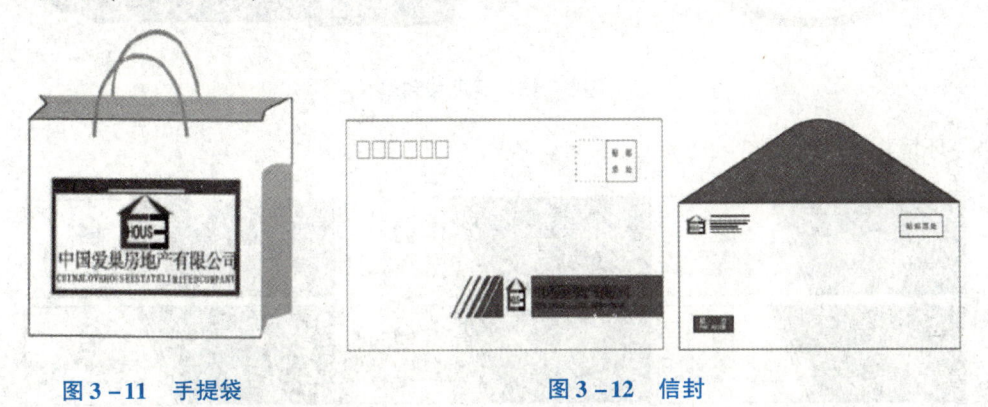

图3-11　手提袋　　　　　　　　图3-12　信封

5. IC卡电子门锁（见图3-13）

图3-13　IC卡电子门锁

6. 公文袋和资料袋（见图3-14）

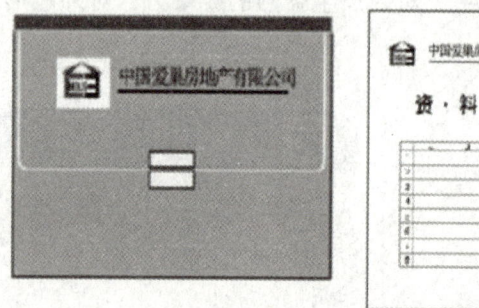

图 3-14　公文袋和资料袋

7. 钥匙扣和笔（见图3-15）

将赠品如钥匙扣、笔等物品媒体化，加强诉求，强迫记忆，以收到识别与认同的效用。

图 3-15　钥匙扣和笔

8. 环境标识（见图3-16）

图 3-16　环境标识

9. 公司招牌（见图3-17）

图 3-17　公司招牌

10. 户外广告（见图3-18）

户外广告是宣传组织形象和品牌最常见且有效的信息传播手段之一，根据人群集中的特点吸引消费者的注意力，同时激发其好感，以达到促销及宣传组织形象的目的。

11. 太阳伞（见图3-19）

图3-18　户外广告

图3-19　太阳伞

12. 公司票据（见图3-20）
13. 员工服装（见图3-21）

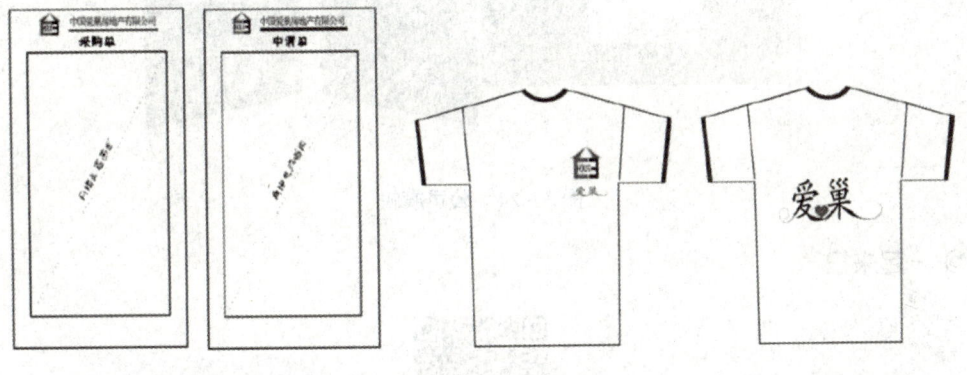

图3-20　公司票据

图3-21　员工服装

14. 空间环境（见图3-22）

图3-22　空间环境

15. 交通工具（见图3-23）

图3-23 交通工具

16. 公司旗帜（见图3-24）

图3-24 公司旗帜

◎ 一起来扫

VI的应用要素系统

◎ 一起来看

小米公司视觉识别系统

北京小米科技有限责任公司（以下简称"小米公司"）如众多知名企业一样有较完善的CIS系统，其中视觉识别系统如下：

1. 基本层面

小米公司的LOGO（见图3-25）：一个"MI"形，首先它是Mobile Internet的缩写，代表小米公司是一家移动互联网公司；其次它是Mission Impossible的缩写，代表小米公司要完成不可能完成的任务。另外小米公司的LOGO倒过来是一个心字，少一个点，意味着小米公司要让用户省一点心。

企业标准色：橘色，代表小米公司的活力、创造力、竞争力。

包装设计：包装盒采用环保材料，且坚固耐压。特点是简洁大方、经济环保。

图 3-25　小米公司的 LOGO

米兔：米兔来源于英文"me too"的谐音，是"我也是"的意思。小米公司设计的戴雷锋帽的兔子形象叫米兔（见图 3-26），代表我也是米粉，运用于小米手机的系统中。

图 3-26　米兔

2. 应用层面

小米手机没有任何多余的设计，它的外观崇尚简约，但这样的设计却让它更为耐看。外观中规中矩，但细节到位。背面采用磨砂材质，不易留下指纹，握持手感出色。机身正面取消了国人不太常用的搜索按键，大大提升了整机的实用性。

（资料来源：朱崇娴，《公共关系原理与实务》，高等教育出版社）

◎ 一起来练

组织的视觉识别要素搜集

【实训目标】
（1）加强学生对组织 VI 内容的掌握和重要性的认识。
（2）训练学生对组织 VI 的理解分析和完善的能力。

【实训内容】
以你所在学校为公关主体，搜集学校的视觉识别系统的构成要素，进行分析并提出你的建议。

【实训组织】
（1）分组：班级学生按 4 人一组自由组合。
（2）罗列学校的 VI 构成要素。
（3）PPT 展示并阐述搜集到的学校现有的 VI。
（4）提出你的建议。

【实训考核】
组织的视觉识别要素搜集考核评分表见表 3-8。

表 3-8　组织的视觉识别要素搜集考核评分表

考核人	教师	被考核人	全体学生
考核地点	教室		
考核时长	2 学时		

续表

考核人	教师	被考核人	全体学生
	内容	分值（分）	成绩
考核标准	组织的VI构成要素搜集全面	20	
	阐述得当，理解到位	30	
	PPT展示清晰，表达清楚	20	
	建议有见地，有可行性	20	
	小组成员积极参与配合默契	10	
小组综合得分			

项目小结

- 认识组织进行形象塑造的重要性，了解组织形象具有的特征。
- 理解、掌握并应用理念识别系统的构成要素，以及相关理念设计的原则、主题提炼和表达形式。
- 理解、掌握并应用行为识别系统的构成要素，以及对内和对外行为识别的要点。
- 理解、掌握并应用视觉识别系统的基本要素系统和应用要素系统，使组织树立一个统一的形象。

点石成金

在公关界，最高级的传播和沟通就是达成共识，在目标受众中间形成激发其自发采取行动的舆论。

成功者懂得：自动自发地做事，同时为自己的所作所为承担责任。

课堂讨论

1. 组织形象的特征是什么？
2. 举例说明某一组织的MI。
3. 举例说明某一组织的BI。
4. 举例说明某一组织的VI。

项目四　公共关系公文礼仪

📝 项目导学

在公共关系可以说是无处不在的今天，对于公关人员或者文秘人员写作公文来说，公文礼仪是否到位，是否具有自觉的"公关"意识，以及"公关"意识的强弱，不仅成了衡量撰写人员素质的标尺，还反映出一个组织已经达到的文明程度。我国有句古语"一语知其贤愚"，公文的每一句话都是一个组织的"窗口"和"门面"。

📝 学习目标

职业知识： 了解公文礼仪是公关礼仪的一种，也是组织自身形象的体现；掌握请柬、邀请函、介绍信、会议致辞、会议纪要和新闻稿的写作格式和注意事项。

职业能力： 培养学生树立公文礼仪意识，提高公文写作的能力，使学生能根据不同场合和需求撰写一份高质量的公文。

职业素质： 使学生领悟到用文字体现礼貌礼仪的重要性，懂得汉字文字的规范使用彰显着中国文化。

📝 思维导图

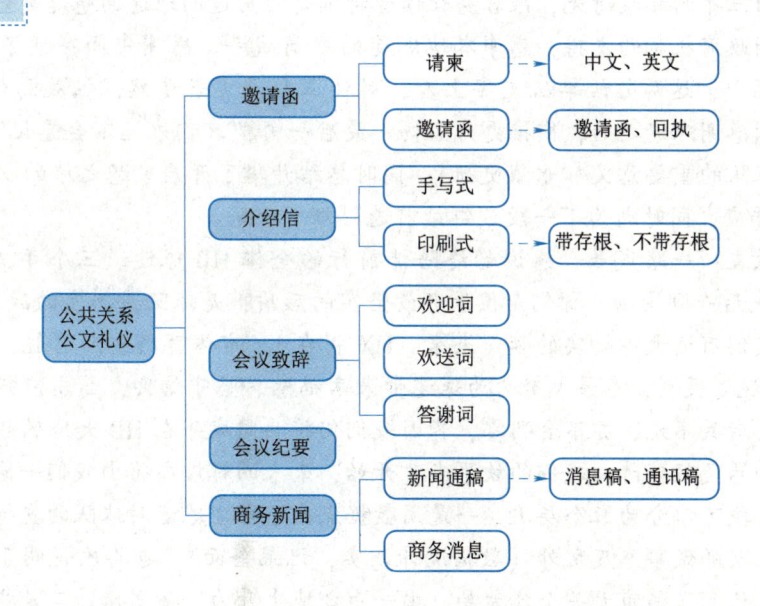

```
                    ┌─ 邀请函 ──┬─ 请柬 ─── 中文、英文
                    │          └─ 邀请函 ── 邀请函、回执
                    │
                    ├─ 介绍信 ──┬─ 手写式
                    │          └─ 印刷式 ── 带存根、不带存根
   公共关系         │
   公文礼仪 ────────┤          ┌─ 欢迎词
                    ├─ 会议致辞 ┼─ 欢送词
                    │          └─ 答谢词
                    │
                    ├─ 会议纪要
                    │
                    └─ 商务新闻 ┬─ 新闻通稿 ── 消息稿、通讯稿
                               └─ 商务消息
```

公共关系与商务礼仪

> 引导案例

一则水平很高的通告——球队主场搬迁通告

背景：2017赛季之后，某足球队因种种原因即将搬离某城市，以通告的形式回答了广大球迷关心的问题。本通告不仅逻辑清晰，结构严谨，更是感情真挚，辞藻华丽，是一篇兼具实用性和抒情性的优美文章。（俱乐部用HX代替，原主场用QHD代替，新主场用LF代替。原主场和新主场均在同一省HB内。）通告共分4段。

第一段原文：我们深知，自2017赛季结束以来，广大球迷朋友一直心系主场事宜。基于长期发展需要，经多方考量、谨慎决定和审查，2018赛季HX足球俱乐部主场将正式落位LF市体育场。

点评：非常直白的开场，直接点出了主场搬迁的事宜。这其中，"我们深知……广大球迷朋友一直心系主场事宜"，说明了俱乐部了解球迷的心声，始终将球迷的关心放在心上。紧接着点出搬迁的原因和决策的过程，寥寥数语，一个关心球迷、行事认真、决策严谨的俱乐部形象浮现眼前，显示了作者老练的文字功底。

第二段原文：主场事宜虽尘埃落定，离愁别绪仍萦绕心头。三年时光，我们将青春烙印在美丽的海滨城市QHD，我们将回忆书写在QHD奥体中心的碧海银帆间。感谢这座城市给予我们的哺育与滋养，感谢市政府、市体育局、市公安局及各有关部门对我俱乐部工作的大力支持。晨光熹微，曾爱过你绿草茵茵旁的波光粼粼；夜幕低垂，也爱着你狂欢尽散后的胸口余温。感谢QHD的球迷朋友，三年中数不清多少次我们携手并肩，那些呐喊和助威、旗海与人潮、此间的笑泪将继续闪耀在未来的征途中。我们永远不会忘记，这里，是梦开启的地方，与这座城市有关的故事和人们亦将永载史册。

点评：这一段写得非常有情怀，许多句子就是优美的散文句式。本段首先以离别情绪带出回忆，指出三年的相聚时光，很容易让读者特别是经历过的球迷回想起美好的过往。紧接着感谢，感谢政府机构的支持，感谢本地球迷的并肩战斗。感谢中间穿插了"晨光熹微和夜幕低垂"两句，这两句话单从文字上看，对仗工整，文采斐然，但放的位置有待斟酌，个人感觉放到感谢球迷之后，衔接更为顺畅。最后一句"我们永远不会忘记"，再次指出了本座城市对球队的重要意义（永载史册），同时总结升华了开启梦想之旅的初始，与"不忘初心"暗相呼应，同时也为下一段"继续前进"埋下伏笔。

第三段原文：一路成长，感谢始终陪伴前行的全体HB球迷。三个年头，45场联赛，664789人次先后来到主场，你们是俱乐部最坚实的后盾，是球队最忠实的战友。我们写诗，我们有酒，我们有远大但切实的梦。未来，HX将在LF市体育场重新启航，我们会坚持为HB球迷提供观赛便利，尽最大努力为球迷带来幸福感。坚守信仰，笃志前行，战役才刚刚打响，光荣的老兵不死，亦不会凋零，皆因我们仍将共同战斗在HB大地的热土上。打造百年俱乐部的画卷已经铺陈，我们的故事尚才开始，未来的辉煌亦将由我们一同书写。

点评：本段可以分为三个层次，一是用数据点出了全省球迷对球队的支持，除彰显了俱乐部认真、扎实的做事态度之外（数据统计翔实，记录全面），也再次说明了我们是同一个省的球队，搬迁到兄弟市无关全省大局，由一市之地上升为一省之情；二是指出了搬迁后依然为球迷提供方便，让原主场城市的球迷放心；三是用表决心的方式告诉大家，"百年画

76

卷"开启,展现了俱乐部的雄心壮志。本段格局和站位提升,读来昂扬向上,振奋人心。

　　收尾段原文:吾梦圆处,尽是 HB,吾身栖处,便是江湖。新的赛季即将来临,纵使前路充满挑战,我们信心百倍,亦满怀憧憬。2018,让奇迹发生!

　　点评:干净利落,铿锵有力。对新赛季的期待之情跃然而出。

(资料来源:百度文库整理)

公共关系与商务礼仪

任务一　掌握邀请函礼仪

情境导入

小妮到高科公司之后在部门王经理的指导下完成的第一个项目——关于组织形象的调研受到了公司张总的肯定，张总也对公关部门给予了高度的评价。最近公司研发出了一项人脸识别的新技术，准备邀请有合作意向的企业前来考察研讨，并以此为契机举行一场记者招待会来提升公司的知名度。一份正规的邀请函或请柬便是小妮团队要着手准备的内容了。

任务描述

请柬和邀请函有区别吗？撰写的内容和格式是怎么样的呢？

公文，即相对私人文书而言的公务文书的简称。公文具有严肃的政治性、标准的程式性、绝对的权威性、直接的实用性和明确的工具性等鲜明的特点。公文礼仪涉及各行各业的礼仪规范，是职业交往中必不可少的关键环节。在特定的时间内，及时准确的礼貌文书，可以表现个人及企业的良好风范。在撰写公文时应遵循礼仪周全、温文尔雅、借重事端、着重宣扬、针对性强、巧妙发挥的写作规范。公共关系行业常用的公文形式主要有邀请函、回复函、介绍信、会议致辞、新闻稿、商务函电等。

邀请函是商务活动主办方为了郑重邀请合作伙伴参加重要商务礼仪活动而制发的书面函件。邀请函具有通知活动事项、邀请宾朋的功能，包含邀请函和请柬。

一、请柬

◎ 一起来学

（一）请柬的含义

请柬又称为请帖、简帖，是为了邀请客人参加某项活动而发的礼仪性书信。

古，礼之繁，婚之燕尔、殡之回龙、迁之轮奂、分家之调鼎哉，皆需请柬传情达意，乃文雅之举也。请柬原曰请简，纪事以简，时久矣。简，片窄长，大多竹木制，细分之，竹为简，木为牍。唯面之限，故精；唯篆之难，故珍。简牍连以成册，礼仪所用，常载祝福吉祥之语，至魏晋，则为短小信札之用。纸泛，取简牍之位，则短小信札渐曰柬，请简亦曰请柬也。

今，中华之礼亦重，众典礼、仪式、活动及会议，请柬之必不可少，意表事之重、主之诚也。今之请柬多纸也，纸柬虽易成，然减事之庄重也，亦不珍贵，减纪念之意也。请柬归于初，纸易得，简难之，然其意表庄重，观亦典雅，阅之，客必深感礼之古往今来，事毕亦珍之不弃也。

78

◎ 一起来看

中国是文明礼仪之邦，宴会更是礼仪的演练场。古代宴会的发达，直接带来了宴会文艺的繁荣。这不仅表现在歌舞宴乐雅赋上，就连宴席请柬，也为宴席增添了许多诗情画意，透露出中国人特有的殷勤好客之情。

以诗作柬者，如李白诗"我醉欲眠卿且去，明朝有意抱琴来"，白居易诗"绿蚁新醅酒，红泥小火炉。晚来天欲雪，能饮一杯无"，是主人对客人发出的邀约；如孟浩然诗"待到重阳日，还来就菊花"，陆游诗"从今若许闲乘月，拄杖无时夜叩门"，则是客人对主人的期约。

（二）中文请柬的写作格式

从撰写方法上说，不论哪种样式的请柬，都有标题、称呼、正文、敬语、落款和日期等（见图4-1）。

请　柬

王佳女士：

为庆祝佳丽文化传播公司成立十周年，兹定于××××年××月××日（星期六）下午2时在凯莱大厦（江北区胜利路145号）1楼大厅举行庆典活动。

此致

敬礼

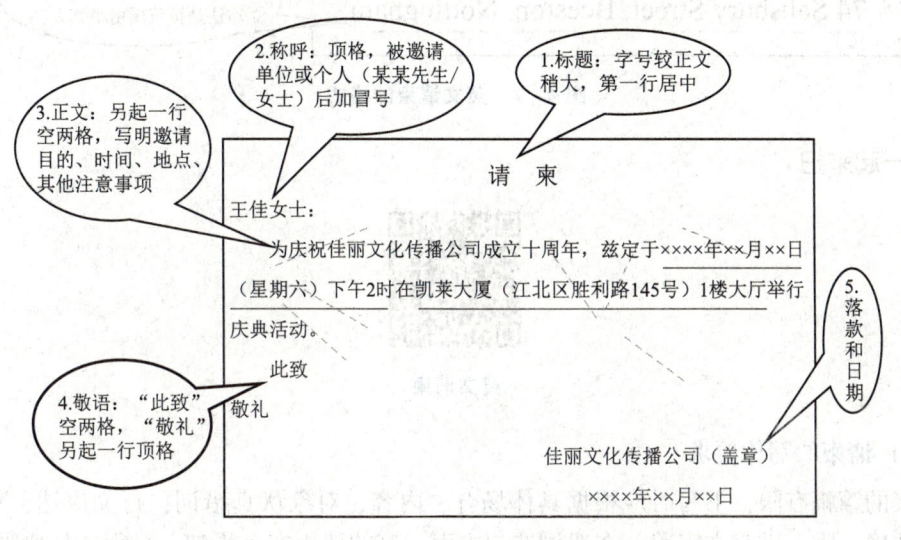

佳丽文化传播公司（盖章）

××××年××月××日

标注说明：
1. 标题：字号较正文稍大，第一行居中
2. 称呼：顶格，被邀请单位或个人（某某先生/女士）后加冒号
3. 正文：另起一行空两格，写明邀请目的、时间、地点、其他注意事项
4. 敬语："此致"空两格，"敬礼"另起一行顶格
5. 落款和日期

图4-1　中文请柬的格式

◎ 一起来扫

中文请柬

（三）英文请柬的写作格式

英文请柬的格式见图4-2。

公共关系与商务礼仪

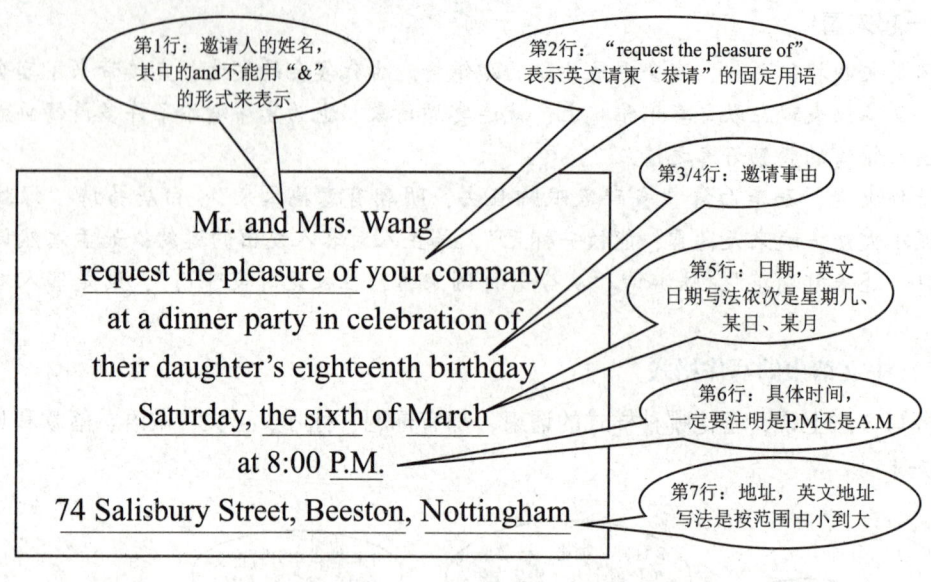

图4-2 英文请柬的格式

```
Mr. and Mrs. Wang
request the pleasure of your company
at a dinner party in celebration of
their daughter's eighteenth birthday
Saturday, the sixth of March
at 8:00 P.M.
74 Salisbury Street, Beeston, Nottingham
```

- 第1行：邀请人的姓名，其中的and不能用"&"的形式来表示
- 第2行："request the pleasure of"表示英文请柬"恭请"的固定用语
- 第3/4行：邀请事由
- 第5行：日期，英文日期写法依次是星期几、某日、某月
- 第6行：具体时间，一定要注明是P.M还是A.M
- 第7行：地址，英文地址写法是按范围由小到大

◎ 一起来扫

英文请柬

（四）请柬的写作要求

请柬的篇幅有限，书写时应根据具体场合、内容、对象认真措词，行文应达、雅兼备。达，即准确；雅，讲究文字美。在遣词造句方面，有的使用文言语句，显得古朴典雅；有的选用较平易通俗的语句，显得亲切热情。不管使用哪种风格的语言，都要庄重、明白，使人一看就懂，切忌语言的乏味或浮华。

◎ 一起来说

请说一说，在哪些场合会用到请柬呢？

二、邀请函

◎ 一起来学

（一）邀请函的含义

邀请函是商务礼仪活动主办方为了郑重邀请其合作伙伴（投资人、材料供应方、营销渠道商、运输服务合作者、政府部门负责人、新闻媒体朋友等）参加礼仪活动而制发的书面函件。它体现了活动主办方的礼仪愿望、友好盛情；反映了商务活动中的人际社交关系。企业可根据商务礼仪活动的目的自行撰写具有企业文化特色的邀请函。

(二) 邀请函的写作格式

◎ 一起来看

邀请函的格式见图 4-3。

```
         网聚财富主角阿里巴巴年终客户答谢会
                    邀 请 函

尊敬的××先生/女士：
    过往的一年，我们用心搭建平台，您是我们关注和支持的财富主角。
    新年即将来临，我们倾情实现网商大家庭的快乐相聚。为了感谢您一年来对阿
里巴巴的大力支持，我们特于××××年××月××日14:00在重庆丽苑大酒店一楼丽晶殿
举办××××年度阿里巴巴客户答谢会，届时将有精彩的节目和丰厚的奖品等待着您，
期待您的光临！
    让我们同叙友谊，共话未来，迎接来年更多的财富，更多的快乐！

                                    阿里巴巴（中国）网络技术公司
                                          ××××年××月××日

参会须知：
    （1）答谢会当日请您务必持此邀请函与名片准时到达会场，凭邀请函入场。
    （2）本次会议签到时间结束将停止入场，请提前做好出行准备。
此函为入场凭证，请妥善保管。
```

图 4-3 邀请函的格式

◎ 一起来学

1. 标题

由礼仪活动名称和文种名组成，还可包括个性化的活动主题标语。如图 4-3 中的主题标语"网聚财富主角"独具创意，非常巧妙地将"网"——阿里巴巴（中国）网络技术有限公司与"网商"的"财富主角"用一个充满动感的"聚"字紧密地联结起来，既表明了阿里巴巴与尊贵的"客户"之间密切的合作关系，也传达了"阿里人"对客户的真诚敬意。

2. 称谓

邀请函的称谓使用"统称"，并在统称前加敬语。如："尊敬的×××先生/女士"或"尊敬的×××总经理"。

3. 正文

邀请函的正文是指商务礼仪活动主办方正式告知被邀请方举办礼仪活动的缘由、目的、事项及要求，写明礼仪活动的日程安排、时间、地点，并对被邀请方发出得体、诚挚的邀请。

正文结尾一般要写常用的邀请惯用语。如"敬请光临""欢迎光临"。

4. 落款

落款要写明礼仪活动主办单位的全称和成文日期。

(三) 邀请函的回执

邀请函的回执（见图 4-4）有两个作用：一是确认对方能否按时参加活动；二是可以根据回执了解被邀请方参会人员的详细信息，如参会企业，参会人员姓名、性别、职务级别、民族习惯等，便于在礼仪活动中制定合理、适当的礼仪接待规格，安排相应的礼仪接待程序，避免因安排不周、礼仪失范而造成不良影响。

回执要随邀请函同时发出，并要求按时回复。

```
┌─ ─ ─ ─ ─ ─ ─ ─ ─ ─ ─ ─ ─ ─ ─ ─ ─ ─ ─ ─ ─┐
│      阿里巴巴"网商答谢会"(重庆站)参会回执表     │
│                                         │
│  参会公司基本资料                            │
│  公司中文名称:_____        │
│  参会人员基本资料                            │
│  姓名:_____  职位:_____  手机:_____   │
│  姓名:_____  职位:_____  手机:_____   │
│                                         │
│    请于    月    日前将回执传真或邮寄到我公司  │
│                  (盖章有效)                │
└─ ─ ─ ─ ─ ─ ─ ─ ─ ─ ─ ─ ─ ─ ─ ─ ─ ─ ─ ─ ─┘
```

图 4-4　邀请函的回执

◎ **一起来扫**

智云图"智读中国"线上论坛活动邀请函

◎ **一起来品**

客　　至

（唐）杜甫

舍南舍北皆春水，但见群鸥日日来。
花径不曾缘客扫，蓬门今始为君开。

◎ **一起来练**

制作邀请函

【实训目标】
(1) 通过制作邀请函，熟练掌握邀请函的写作格式。
(2) 提高学生的文字表达能力和文字礼仪规范。

【实训内容】
以小组为单位制作一份电子邀请函。

【实训组织】
(1) 分组：学生3人为一组。
(2) 要求：结合本任务的情境导入——小妮所在的公司（重庆高科信息技术有限公司）研发出了一项人脸识别方面的新技术，准备邀请有合作意向的企业前来考察研讨，请你帮小妮拟一份邀请函和回执，会议的时间、地点、注意事项自拟。

【实训考核】
邀请函实训考核评分表见表4-1。

表 4–1　邀请函实训考核评分表

考核人	教师	被考核人	全体学生
考核地点	教室		
考核时长	2 学时		
考核标准	内容	分值（分）	成绩
	邀请函和回执格式正确	20	
	标题采用个性化的活动特色标语，有新意	20	
	文字语言表述清晰，能体现邀请方的诚意	30	
	电子邀请函风格科技感强，色彩搭配好	20	
	团队配合，成员充分参与	10	
小组综合得分			

任务二　掌握介绍信礼仪

情境导入

高科公司的公关部已经把邀请函拟好了，为了表示对上级主管协会的尊重和诚意，公司张总亲自电话邀请，同时让公关部的小美将纸质的邀请函送过去。为了证明小美的身份，公司决定给小美开张介绍信一起带过去。

任务描述

介绍信有几种格式？应该怎么开具呢？

一、介绍信的含义

◎ 一起来学

介绍信是用来介绍联系接洽事宜的一种应用文体，是应用写作研究的文体之一，是机关团体、企事业单位派人到其他单位联系工作、了解情况或参加各种社会活动时用的函件，它具有介绍、证明的双重作用。使用介绍信，可以使对方了解来人的身份和目的，以便得到对方的信任和支持。

介绍信有两种类型：手写式介绍信和印刷式介绍信。

二、手写式介绍信

◎ 一起来学

手写式介绍信，顾名思义就是它的格式和写作内容都是自行把握的，没有固定的格式模板，因此在撰写时要注意书写要求（见图4-5）。

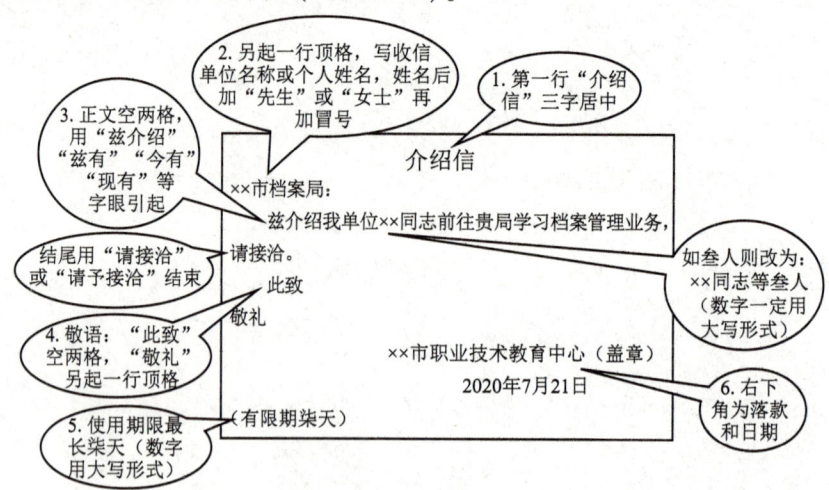

```
                        介绍信
　　××市档案局：
　　　　兹介绍我单位××同志前往贵局学习档案管理业务，
　　请接洽。
　　　　　　　　　　　　　　　　　此致
　　　　　　　　　　　　　　　　　敬礼
　　　　　　　　　　　　××市职业技术教育中心（盖章）
　　　　　　　　　　　　　　　　　2020年7月21日
　　　（有限期柒天）
```

说明：
1. 第一行"介绍信"三字居中
2. 另起一行顶格，写收信单位名称或个人姓名，姓名后加"先生"或"女士"再加冒号
3. 正文空两格，用"兹介绍""兹有""今有""现有"等字眼引起
4. 敬语："此致"空两格，"敬礼"另起一行顶格
5. 使用期限最长柒天（数字用大写形式）
6. 右下角为落款和日期

结尾用"请接洽"或"请予接洽"结束

如叁人则改为：××同志等叁人（数字一定用大写形式）

图4-5　手写书信式介绍信

◎ 一起来扫

手写式介绍信

◎ 一起来做

请对图4-6中的介绍信进行纠错。

解析：

病症一：缺少出具介绍信的单位名称及公章；

病症二："2人"和"3天"中的数字应大写；

病症三："此致"应空两格，"敬礼"顶格写；

病症四：有效期应在左下角，且使用汉字大写数字。

```
          介绍信
成都市工商局：
    兹介绍××等2人前往你局办理××事宜，请予接洽。
此致
    敬礼
                    2021年7月21日
                    （有效期3天）
```

图4-6　介绍信

三、印刷式介绍信

◎ 一起来学

（一）带存根

在图4-7中左边是介绍信的存根，也就是介绍单位自留的部分。右边是被介绍人携带到前往单位的身份证明。右边的书写格式与前面介绍的手写式介绍信是一致的。左右两边的区别在于存根不用礼貌用语、不用署名，也不用写有效期，只需要写明事由和日期就行。

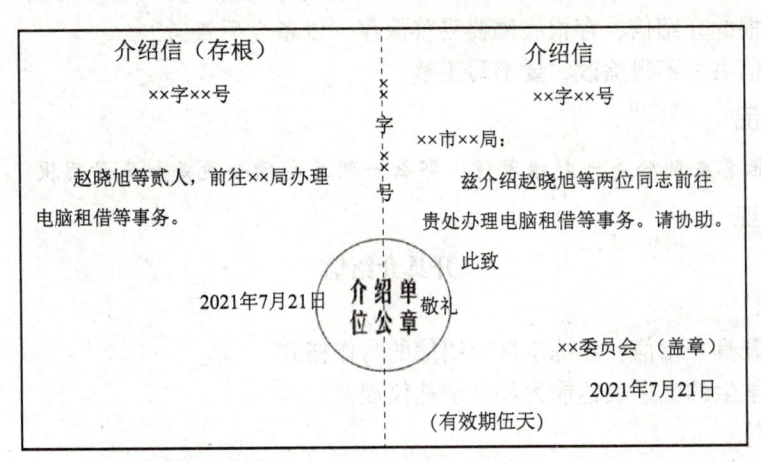

```
介绍信（存根）              ×        介绍信
  ××字××号              ×字         ××字××号
                          ×
                          ×
赵晓旭等贰人，前往××局办理    号    ××市××局：
电脑租借等事务。                   兹介绍赵晓旭等两位同志前往
                                  贵处办理电脑租借等事务。请协助。
                                  此致
2021年7月21日   [介绍单     敬礼
                 位公章]
                                  ××委员会 （盖章）
                                  2021年7月21日
                                  （有效期伍天）
```

图4-7　带存根的印刷式介绍信

85

（二）不带存根

不带存根的印刷式介绍信见图4-8。

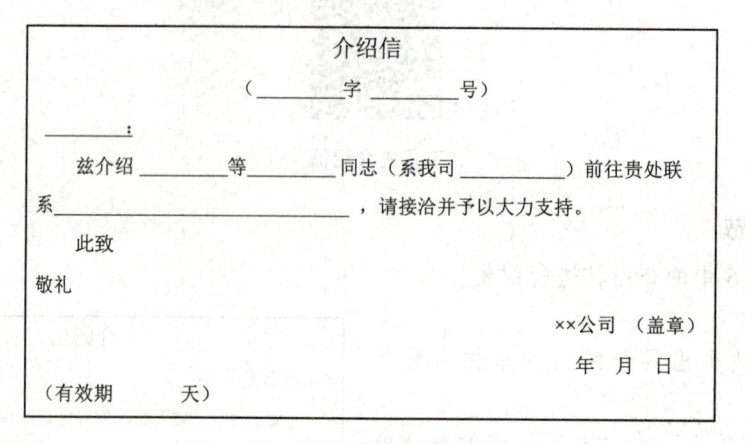

```
                    介绍信
             (_____字_____号)

      _____：
         兹介绍_____等_____同志（系我司_____）前往贵处联
      系_____，请接洽并予以大力支持。
             此致
         敬礼
                                    ××公司 （盖章）
                                        年  月  日
      （有效期      天）
```

图4-8　不带存根的印刷式介绍信

◎ 一起来扫

印刷式介绍信

四、开具介绍信时的注意事项

（1）要填写被介绍人的真实姓名、身份，不得虚假编造，冒名顶替。
（2）办理接洽的事项要写清楚，与此无关的不要写。介绍信要简明扼要，不可太长。
（3）介绍信要加盖公章，查看时也要核对公章和有效期限。
（4）有存根的介绍信，存根底稿要妥善保存，以备今后查考。
（5）介绍信书写不得涂改，要书写工整。

◎ 一起来品

如果说一张善良的脸是一封推荐信，那么一颗善良的心便是一张信用状。

◎ 一起来练

开具介绍信

【实训目标】
（1）通过开具介绍信，熟练掌握介绍信的写作格式。
（2）提高学生的文字表达能力和文字礼仪规范。

【实训内容】
以小组为单位制作一封介绍信。

【实训组织】

（1）分组：学生3人为一组。

（2）要求：结合本任务的项目背景，小美（高科信息技术有限公司公关部秘书）需要亲自去给信息协会送会议邀请函，以表示高科公司的诚意。请你代公司为小美拟一封手写式介绍信。

【实训考核】

介绍信实训考核评分表见表4-2。

表4-2 介绍信实训考核评分表

考核人	教师		被考核人	全体学生
考核地点	教室			
考核时长	2学时			
考核标准	内容	分值（分）	成绩	
	介绍信的格式正确	30		
	介绍中使用公文专用术语，显得很正式	20		
	被介绍人的信息表述清晰、简洁	30		
	团队配合，成员充分参与	20		
小组综合得分					

任务三　掌握会议致辞礼仪

情境导入

高科公司已经成功邀请了十余家企业和主管部门前来参加新技术研讨会，公司张总给公关部王经理留言："王经理，请你拟一份新技术研讨会的致辞，下班前交给我。"

任务描述

致辞在什么场合会用到？怎样撰写欢迎词、欢送词、答谢词？

一、会议致辞的含义

◎ 一起来学

会议致辞通常包括欢迎词、欢送词和答谢词。欢迎词是在迎接宾客的仪式、会议、集会、宴会上主人对宾客的光临表示热烈欢迎的一种礼仪文书。欢送词是在欢送宾客的仪式、会议、集会、宴会上主人对宾客即将离去表示热烈欢送的一种礼仪文书。答谢词是在专门仪式、宴会、招待会上宾客对主人的热情接待表示衷心感谢的致辞。会议致辞不是一般的应酬客套之词，他表达了主人热情好客以及依依送别的思想感情，因此会议致辞的撰写要写得感情真挚，情绪饱满，起到烘托气氛、振奋精神的作用。

◎ 一起来看

古时候表示欢迎的诗句：

永遇乐
（北宋）晁端礼

雪霁千岩，春回万壑，和气如许。今古稽山，风流人物，真是生申处。儿童竹马，欢迎夹道，争为使君歌舞。道当年、蓬莱朵秀，又来作蓬莱主。一编勋业，家传几世，自是赤松仙侣。青琐黄堂，等闲游戏，又问乘槎路。银河耿耿，使星今夜，应与老人星聚。要知他、秋羹消息，早梅初吐。

古时候表示欢送的诗句：

赠汪伦
（唐）李白

李白乘舟将欲行，忽闻岸上踏歌声。
桃花潭水深千尺，不及汪伦送我情。

古时候表示答谢的诗句：

国风·卫风·木瓜
（先秦）佚名

投我以木瓜，报之以琼琚。匪报也，永以为好也！
投我以木桃，报之以琼瑶。匪报也，永以为好也！
投我以木李，报之以琼玖。匪报也，永以为好也！

二、会议致辞的写作格式

◎ 一起来学

欢迎词、欢送词和答谢词通常由四部分构成：标题、称谓、正文和落款。

（一）标题

标题的写法有两种：一是直接以文种"欢迎词""欢送词""答谢词"三个字为题；第二种是以场合＋文种的方式为题，即在欢迎词、欢送词或答谢词前面加上限定修饰词语，如"高明董事长一行莅临我厂技术指导的欢迎词"。

（二）称谓

对被欢迎、欢送和答谢的对象的称呼，称呼前可加修饰语"尊敬的""敬爱的"之类，称呼后可加职位头衔，也可加"先生""女士""夫人"等。

（三）正文

1. 欢迎词范例

欢迎词正文由六个部分组成，见图4-9。

（1）表示热烈欢迎话语

（2）来宾来访目的意义

（3）回顾双方交往友情

（4）赞扬贡献合作成果

（5）继续合作意愿希望

（6）再次欢迎、良好祝愿

> 高明董事长一行莅临我厂技术指导的欢迎词
> 尊敬的高明董事长，尊敬的贵宾们：
> **我谨代表A公司对高明董事长一行的到来表示热烈的欢迎。**今天高明董事长一行莅临我厂进行技术指导，能进一步提高我们的技术水平，加深我们双方的相互了解和信任。合作两年来我们感到高兴的是我们双方合资建厂、生产、经营管理中的友好关系一直稳步向前发展。我应当满意地指出，我们友好关系能顺利发展，是与我们双方严格遵守合同和协议、相互尊重和平等协商分不开的，是我们双方共同努力的结果。我相信，这次高董的亲临指导，会更进一步增进我们双方的友好合作关系，使我厂更加兴旺发达。最后，让我们以最热烈的掌声，向高董一行再次表示欢迎。

图4-9 欢迎词

◎ 一起来扫

欢迎词

◎ 一起来说

如果与欢迎对象之前没有合作过或合作得不太愉快，那么在正文中又该怎么表述比较合适呢？

2. 欢送词范例

欢送词正文由五个部分组成，见图 4-10。

(1) **表示热烈欢送话语**

(2) **来宾离别的日程**

(3) **来访期间我方收获**

(4) **继续加强合作意愿**

(5) **再次表示热烈欢送**

致高明董事长一行的欢送词

尊敬的高明董事长，尊敬的贵宾们：

　　一个星期前，我们愉快地在这里欢聚一堂，热烈欢迎高董事长一行。今天在指导行程结束之际，我们再次欢聚，让人感到特别亲切、高兴。高董事长一行对我厂进行了一个星期不分日夜的技术指导，他们将于明天返程。这一个星期以来他们与我厂的技术骨干深入交流，并下到车间对一线工人进行技术指导和培训，解决了长期以来困扰我们的技术难题，让我们受益匪浅。希望这样的活动能经常开展，增强我们双方的友好合作关系。最后我提议，让我们以最热烈的掌声对高董事长一行再次表示最真诚的感谢！

图 4-10　欢送词

◎ 一起来扫

欢送词

3. 答谢词范例

答谢词正文由四个部分组成，见图 4-11。

(1) **向主人表示答谢之意**

(2) **回顾美好时光、肯定访问收获、衷心感谢主人**

(3) **对主人寄予希望**

(4) **对主人良好祝愿**

致李四厂长、张鹏主任热情接待的答谢词

尊敬的李四厂长、张鹏主任：

　　首先请允许我代表宏远代表团全体成员对李四厂长、张鹏主任及强盛公司对我们的盛情接待表示由衷的感谢。这是我们一行五人代表宏远公司首次来贵地访问，此次来访时间虽短，但收获颇大。仅一周时间，我们对贵地的电子产业有了比较全面的了解，与贵公司建立了友好的技术合作关系，并成功地洽谈了电子技术合作事宜。这一切，都得益于主人的真诚合作和大力支持。对此，我们表示衷心的感谢。相信我们这次有幸与贵公司建立的友好技术合作关系，定会为我地电子业的发展提供新的契机，必将推动我地的电子业迈上一个新台阶。最后，我代表宏远公司再次向强盛公司表示感谢，并祝贵公司迅猛发展，再创奇迹。更希望彼此继续加强合作，共创美好明天。

图 4-11　答谢词

◎ 一起来品

让情感在隽永的文字里游弋，从一个人的文字里读懂他的胸怀。

◎ 一起来扫

答谢词

（四）落款

在正文的右下方写明致欢迎词、欢送词和答谢词的单位、人物的名称和日期。如果在标题中已经写明，则此处不必再落款。

三、欢迎词和欢送词写作的注意事项

（1）感情须亲切、真挚、诚恳，要符合当时的情况，能适当引导出席者的情绪，以创造一种友好的气氛，密切关系，推动双边合作。

（2）注意礼貌，要有分寸，既尊重对方，又不卑不亢。

（3）有分歧的问题、意见不一致的问题不在言辞中表露。

（4）语言要便于交际场合朗读、演说，即上口、好读。

（5）动笔之前，要了解对象的基本情况，比如已取得的成就及影响、大会的宗旨、工程建设的目的等。这样，才能切合实际，有的放矢，言之有物。

◎ 一起来练

欢迎词和欢送词的写作

【实训目标】

（1）通过撰写欢迎词和欢送词，熟练掌握会议致辞的写作格式。

（2）提高学生的文字表达能力和文字礼仪规范。

【实训内容】

以小组为单位制作一份欢迎词和欢送词。

【实训组织】

（1）分组：学生3人为一组。

（2）要求：结合本任务的项目背景，请你帮王经理写一份高科公司与合作企业的新产品研讨会的欢迎词和欢送词。

【实训考核】

欢迎词和欢送词实训考核评分表见表4-3。

表4-3　欢迎词和欢送词实训考核评分表

考核人	教师		被考核人	全体学生
考核地点	教室			
考核时长	2学时			
考核标准	内容	分值（分）		成绩
	会议致辞的格式正确	20		
	会议致辞内容表述清晰、流畅，内容完整	20		
	会议致辞字里行间感情真挚、情绪饱满	20		
	语言适合交际场合口头表达	20		
	团队配合，成员充分参与	20		
小组综合得分				

项目四　公共关系公文礼仪

任务四　掌握会议纪要礼仪

情境导入

高科公司的新技术研讨会将在三天后进行，公关部正在紧锣密鼓地进行相关人员的安排。王经理让小美做好会议记录，小妮则负责整理会议纪要，以便将会议精神通过会议纪要的形式传达到各职能部门。

任务描述

会议纪要的特点是什么？它的写作格式是怎样的？

一、会议纪要的含义

◎ 一起来学

会议纪要是商务组织用于记载重要会议情况或商务谈判议定事项的公文，包括会议的基本情况、主要精神及中心内容，便于向上级汇报或向有关人员传达及分发。整理加工时或按会议程序记叙，或按会议内容概括出来的几个问题逐一叙述。

会议纪要包含以下特点：

（1）内容的纪实性。会议纪要如实地反映会议内容，它不能离开会议实际搞再创作，否则，就会失去其内容的客观真实性。

（2）表达的提要性。会议纪要是根据会议情况综合而成的，因此，撰写会议纪要时应围绕会议主旨及主要成果来整理、提炼和概括，重点应放在介绍会议成果，而不是叙述会议的过程。

（3）称谓的特殊性。会议纪要一般采用第三人称写法。由于会议纪要反映的是与会人员的集体意志和意向，常以"会议"作为表述主体，使用"会议认为""会议指出""会议决定""会议要求""会议号召"等惯用语。

二、会议纪要的写作格式

◎ 一起来学

（一）标题

标题由发文机关全称、事项、文种组成。

（二）主送机关

写明需要报送的各与会机关以及需要知晓会议情况的机关的名称。

（三）正文

1. 会议概况

会议概况即介绍会议的基本情况，包括会议目的、时间、地点、主持人、参加人员、讨论事项、成果等。

2. 会议议题

会议议题包括会议讨论和决定的事项，以及情况概要分析、要求与措施。议程较复杂的会议纪要要按会议议程内容的主次关系归纳成几项问题，分清议题性质层次，逐项记述。

3. 结尾

会议纪要结尾包括参加会议人员的签名、时间。

4. 落款

要写明制发会议纪要的单位名称、制发日期。

◎ 一起来看

会议纪要模板见图4-12。

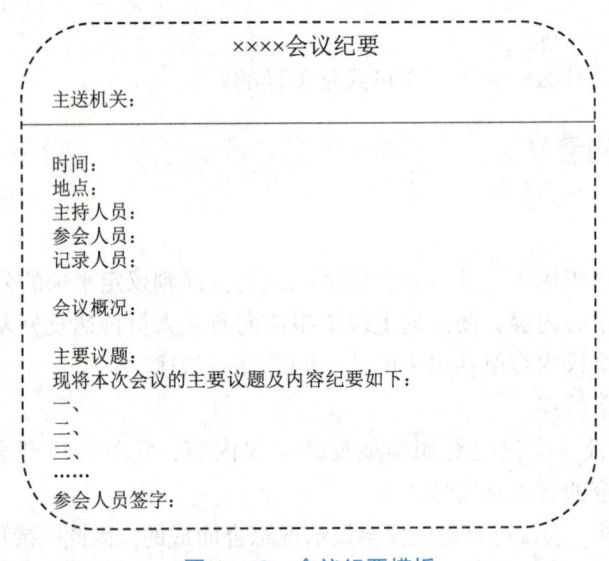

```
××××会议纪要

主送机关：

时间：
地点：
主持人员：
参会人员：
记录人员：

会议概况：

主要议题：
现将本次会议的主要议题及内容纪要如下：
一、
二、
三、
……

参会人员签字：
```

图4-12　会议纪要模板

三、会议纪要和会议记录的区别

（1）性质不同：会议记录是讨论发言的实录，属事务文书。会议纪要只记要点，是法定行政公文。

（2）功能不同：会议记录一般不公开，无须传达或传阅，只作资料存档；会议纪要通常要在一定范围内传达或传阅，要求贯彻执行。

（3）会议纪要是在会议记录的基础上，对会议的主要内容及议定的事项，经过摘要整理的、需要贯彻执行或公布于报刊的、具有纪实性和指导性的文件。

◎ 一起来练

撰写会议纪要

【实训目标】

（1）通过撰写会议纪要，熟练掌握会议纪要的写作格式。

（2）提高学生的文字表达能力和文字礼仪规范。

【实训内容】

以个人为单位完成一份会议纪要。

【实训组织】

（1）每次班级会议前通过抽签的方式选取 1 名学生作为会议纪要的记录和整理人。

（2）以一学期为一个周期，被抽到的学生独立完成 1 份会议纪要，期末进行会议纪要的展示、评比和点评。

【实训考核】

会议纪要实训考核评分表见表 4－4。

表 4－4　会议纪要实训考核评分表

考核人	教师		被考核人	全体学生
考核地点	教室			
考核时长	2 学时			
考核标准	内容	分值（分）	成绩	
	会议纪要的格式正确	20		
	会议纪要的内容真实，无主观意见修饰	20		
	会议纪要内容完整、详略得当	30		
	文字语言清晰、有条理，流程完整	30		
个人综合得分				

任务五　掌握商务新闻礼仪

情境导入

王经理让小美根据会议记录在最短的时间内在公司的微信公众号和官网上进行新闻宣传，要求文字充分体现会议精神，配上会议现场图片，以此来提升公司的知名度。

任务描述

商务新闻有哪些类型？该如何来撰写？

商务新闻是企业向社会公众报道、发布新近发生的重大事件或活动的文案。商务新闻是新闻的一部分，因此，商务新闻集新闻传播、信息沟通、市场开拓、树立形象的功能于一身，起着宣传企业经营发展现状的作用。

一、商务新闻的发布方式

◎ 一起来学

（一）商务新闻发布会

企业的重大事件常通过召开新闻发布会的方式向新闻媒介发布"有新闻价值"的新闻线索，进行有针对性的宣传。如企业创立、变更，新工艺和新技术的发明或突破，新产品开发、研制与生产，企业境内外上市发行股票等。

（二）媒体驻站记者采访发布

新闻媒体的各地驻站记者，常常关注当地企业的重大商务活动，对有报道价值的企业新闻会主动进行采访发布。

（三）企业自主投稿发布

企业可由专人负责对重大事件进行采访，撰写新闻稿件向媒体投稿或自主刊发报道，及时进行宣传。

二、商务新闻文案

◎ 一起来学

商务新闻文案是指企业为借助新闻媒体宣传重大事件而撰写的新闻体裁，一般指新闻背景材料和新闻通稿。

（一）新闻背景材料

新闻背景材料是指企业向新闻媒体提供的有关发布事件的详细资料。一般包括以下内容：
（1）企业基本情况介绍，即介绍企业名称、性质、经营范围、主要产品组成、发展历史、经营现状、已取得的成绩等，便于记者了解企业的全貌。
（2）详细介绍新闻事件的性质、特点、在国内外同行业取得的重大进展。
（3）新闻事件的重要参与人员及其贡献。
（4）新闻事件发生的主要背景材料：国家政策、企业发展需求、研制人员科研课题成果、新闻事件的有利条件与优势等。
（5）新闻事件的组织实施过程、组织管理经验。
（6）新闻事件将取得的经济和社会效益预测。
（7）与新闻事件有关的图片及图片说明、影像资料及文字说明。

（二）新闻通稿

新闻通稿是由商务新闻发布者事先拟订好的对某一事件进行全方位介绍的文案。新闻通稿包含了发布者对新闻事件的观点、态度以及自己采取的措施、做法等。

1. 新闻通稿的种类

新闻通稿基本是模仿平面媒体的稿件形式来写的，可以分为消息稿和通讯稿。消息稿中一般包括新闻事件的时间、地点、人物、事实、起因五个要素。通讯稿则是对消息内容的补充，可以是整个事件过程及背景情况的介绍，也可以是一些花絮或是事件参与者的故事等。

2. 新闻通稿的写作

（1）消息稿要写好新闻五要素。消息稿是指用叙述的方式将新闻事实简明扼要、迅速及时地告诉受众的一种新闻体裁。消息稿的时效性很强，发布速度比较快。消息稿交代清楚了事件发生的时间、地点、人物、事实和起因，就应该算比较完整和成功了。

（2）通讯稿要学会讲故事。通讯稿一般篇幅较长，内容充实，可以多角度表现新闻事件或新闻人物。消息稿无法讲清楚的背景等问题可以在通讯稿里进行详细记述。通讯一般分为人物通讯、事件通讯、工作通讯、风貌通讯、人物专访等。

通讯稿中的内容重点就是讲故事，通过细节把与新闻事件和人物相关的内容以一种讲故事的形式描述出来。细节是最能表明真实情况的资料，因此，企业可以在对外发布的通讯稿中公开无须保密的细节内容。

新闻通稿最重要的是切入新闻的角度以及新闻事件本身，还应从企业的典型案例中找到社会关注点或行业特性，把稿件写成反映普遍问题的文章，从而起到以点带面的示范作用。

◎ 一起来看

第五届世界互联网大会

（"预见互联网未来"专家与企业家论坛新闻通稿）

2018年11月8日上午，第五届世界互联网大会"预见互联网未来——世界互联网领先科技成果发布活动专家与企业家论坛"在浙江乌镇召开。

图灵奖获得者惠特菲尔德·迪菲（2015年）、希尔维奥·米卡利（2012年）、大卫·帕特森（2017年），日本庆应义塾大学环境与信息学院教授村井纯，中国工程院院士吴建平分别做了主旨发言。

国家互联网信息办公室主任庄荣文在致辞中指出，十九大提出了全面建设社会主义现代化强国的奋斗目标，明确要建设网络强国、数字中国、智慧社会，推动互联网、大数据、人工智能和实体经济深度融合，大力发展数字经济，培育新增长点、形成新动能。他提出三点建议：一是立足为民、利民、惠民推动技术创新，以应用需求为牵引，加强基础研究与关键技术突破，促进重点领域应用示范；二是着眼构建产业生态推动技术创新，构建开放共赢的产业生态；三是强化国际交流合作推动技术创新，积极促进世界范围内的技术交流合作，共同创造互信共治的数字世界，实现互利共赢。

美国麻省理工学院校董约翰·奇泽姆，中国电子科技集团有限公司总经理吴曼青，小米集团首席执行官雷军以"预见未来，抓住互联网发展新机遇"为主题进行了交流；红杉资本全球执行合伙人沈南鹏、阿里云总裁胡晓明、360集团首席执行官周鸿祎围绕"预见未来，应对互联网发展新挑战"进行了探讨。

论坛还设置了意义和趣味兼具的"预见互联网未来"主题区块链时间舱活动。活动邀请现场嘉宾和观众，预测互联网领域未来一年内将发生的一件大事，将其写下来加密存入"区块链时间舱"（开发小程序和网页）中，2019年世界互联网大会时将时间舱内容公开。

此次论坛以世界领先科技成果评选发布为契机，世界互联网领先科技成果推荐委员会成员、企业家和互联网领域有创造贡献的从业者齐聚一堂，共有200余人参加了论坛活动。

（资料来源：世界互联网大会官网，有删改）

◎ 一起来品

科技是国家强盛之基，创新是民族进步之魂。

（三）商务消息

商务消息是对商务领域内新近发生或发现的有一定社会意义，并能引起公众兴趣的事实进行迅速及时、简明扼要报道的新闻体裁。

1. 商务消息的特点

（1）真实性。事实是消息的核心和本源。商务消息中所表述的事实是指最能表现消息主题的、有说服力的事实。消息中的事实一要客观公正，二要能够鲜明地表明作者的观点或主张，引起读者的阅读兴趣。

（2）时效性。商务消息不仅要求时间新，而且要求内容新、角度新。这就要求记者和编辑有很强的新闻敏感性，思想反应快、行动快、构思快、写作快、编发快。

（3）简洁性。商务消息一般篇幅较短小，主题集中，一般一事一文，用简练的笔墨交代清楚新闻事件的人物、时间、地点、事情经过、背景即可。

（4）专业性。商务消息均以商务领域的事件为报道对象，范围比较固定，专业性较强。

2. 商务消息的种类

（1）动态消息。动态消息是报道正在发生或正处于发展变化中的新闻事件的报道形式（见图4-13）。动态消息以叙述事实为主。

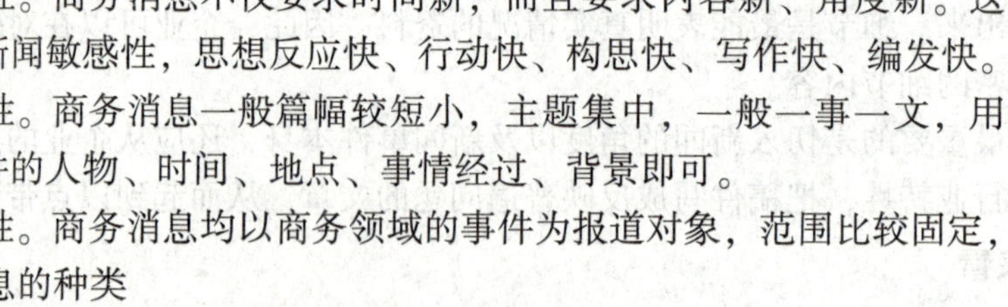

家电频道 >> 动态消息 >>

好品山东澳柯玛，三月粉丝节冰冷洗空一站购

2022-03-23 10:18:23 中国质量新闻网

图4-13 动态消息

（2）综合消息。综合消息是围绕共同的主题，从不同的侧面把发生在不同地区或部门的事件综合起来进行报道的新闻形式（见图4-14）。

综合消息：多国人士高度评价中国有关乌克兰局势和世界和平的立场

上观 2022-03-18 20:44

图4-14 综合消息

（3）经验消息。经验消息是对某一地区或某一部门的典型经验进行报道的新闻形式。一般是抓住典型事例，深入分析，寓理于事，理从事出，从典型事例的叙述和分析中突显规律性经验。

（4）述评消息。述评消息是以夹叙夹议的方式报道新闻事件的新闻形式（见图4-15）。它针对有重大影响的新闻事件或一些有代表性的思想倾向，叙述事件或思想的发展变化过程，揭示其本质特征，发挥新闻的舆论导向作用。

独家述评｜"圈"内"圈"外一起加油！

新民晚报
发布时间：2022-03-23 13:13 新民晚报官方账号 关注

图4-15 述评消息

（5）人物消息。人物消息是突出报道新闻人物的思想和典型事迹的新闻形式。这类消息不宜强调细节，不做过多的渲染。

3. 商务消息的写作方法

商务消息由标题、导语、主体和结尾组成。

（1）标题。消息的标题在新闻的传播中不亚于正文，是消息的重要组成部分。消息的标题常常是作者或编辑煞费苦心构思制作而成的。独特、新颖的标题是吸引读者阅读兴趣的发动机。

标题的形式有单行式和多行式。

①单行式。对消息核心内容高度概括，如：

上海市取消优质产品"终身制"

②多行式。一般由引题、正标题、副标题组成。引题一般交代新闻背景，居于标题的第一行。正标题是新闻主要事实的概括，居于第二行。副标题是对正标题的补充说明，居于第三行。如：

实施全球化品牌战略
海尔与NBA结成合作伙伴
成为NBA全球唯一家电合作伙伴，冲击美国主流品牌

（2）导语。导语是消息的开头。导语是消息事实中最重要的内容，用最精练的语言，把新闻最重要、最新鲜、最有意义的事实表达出来，引起新闻受众的兴趣和注意。

导语一般采用叙述式、描写式或议论式来写。导语要概述新闻的主要事实，引导受众提纲挈领地阅读新闻。在概述的过程中要发掘和选择能够反映事物本质特征的事实，避免概念化、空泛化。要善于突出重点，在新闻的五个要素中，选择最有意义的要素，突出地放在导

语中，做到简明扼要、言简意赅。吸引读者的阅读兴趣、准确及时地报道新闻事实，是写作导语的关键。

（3）主体。主体是导语的展开，是对新闻事实的进一步报道。为了使读者对新闻事实有更进一步了解，在主体部分，应围绕一个主题，以叙述为主，按照重要、次重要、一般的顺序来安排组织事实材料。还应对新闻发生的背景进行简明扼要的交代。

（4）结尾。消息的结尾一般可以随主体新闻事实的结束而自然结束。有的可就新闻事实的意义做点睛式的总结。切忌对新闻事实做诱导式的评价总结。

4. 消息的结构形式

消息的结构形式是指消息材料的整体布局安排方式，也是一种写作顺序。消息的结构形式有以下几种：

（1）倒金字塔结构。倒金字塔结构是消息写作中最常用的一种方式：把最重要、最新鲜的事实材料放在最前面，其他内容按重要和新鲜程度依次排列。这种结构适应新闻时间性强的要求。

（2）时间顺序式结构。这种结构是按照新闻事件发展的时间顺序来安排有关材料，也称为编年体结构。

（3）对比结构。这种结构是通过新闻事实的对比，揭示新闻的本质差异，突出新闻主题。

◎ 一起来看

绿色整套产品受追捧　海尔国庆市场引关注

为满足消费者追求高效率生活的需求，海尔在2011年国庆期间推出"零串味"绅度冰吧、"零缠绕"匀动力洗衣机、"零隐患"海尔燃气热水器、"零油烟"海尔天际系列厨电等产品，为消费者打造了"零时代"绿色家电盛宴。同时，海尔还推出了"绿色套餐"活动，以绿色温馨、绿色时尚、绿色至尊、绿色经典多种风格的"国庆绿色套餐家电"，一步到位满足了不同品位消费者的需求，成为国庆期间众多家电消费者的首选品牌。

"想换家电很久了，但是一直没有时间，又不想一件一件挑。海尔整套绿色家电，品质放心，风格多样，免去了我在卖场跑来跑去挑选的麻烦，太方便了。"节日期间，外企白领戴维在商场选购海尔家电时说，"我选了海尔的绿色至尊套餐，华贵大气又不失稳重，和我家的家居家装风格也很一致。"

在绿色经济时代，海尔不但坚持自身绿色发展，还通过"地球一小时""绿色达人征集"等活动践行社会环保责任。此次，海尔又搭建了与消费者交流探讨绿色环保生活方式的网络平台——"海尔环保乐享学院"。国庆期间，更是启动"乐享你的环保之旅"活动，传递绿色生活理念。在网上，"海尔环保乐享学院"以娱乐方式向消费者传递环保低碳的各类生活小窍门，为消费者增添了不少乐趣。国庆期间，更多人选择出行，为了更好地与这些消费者沟通，"海尔环保乐享学院"推出了"乐享你的环保之旅"活动，吸引很多网友在论坛上晒绿色出行的创意。

（资料来源：海尔官网新闻公告）

◎ 一起来练

撰写新闻稿

【实训目标】

（1）通过撰写新闻稿，熟练掌握新闻稿的写作格式。

项目四　公共关系公文礼仪

(2) 提高学生的文字表达能力和文字礼仪规范。

【实训内容】

以小组为单位撰写一份新闻稿件。

【实训组织】

(1) 分组：学生 3 人为一组。

(2) 要求：对学院最近发生的新闻事件撰写一份新闻稿，并向相关负责部门供稿。

【实训考核】

新闻稿实训考核评分表见表 4-5。

表 4-5　新闻稿实训考核评分表

考核人	教师	被考核人	全体学生
考核地点	教室		
考核时长	2 学时		
考核标准	内容	分值（分）	成绩
	新闻稿的格式正确	10	
	新闻稿语言表述准确、流畅	20	
	新闻稿的阅读性强、信息量大	30	
	新闻稿图文并茂，图文搭配合理	30	
	团队积极参与，协作性强	10	
小组综合得分			

项目小结

- 掌握中英文请柬、邀请函的写作格式和要求，并结合应用场景撰写和应用。
- 掌握介绍信的写作格式和要求，并结合应用场景撰写和应用。
- 掌握会议致辞的写作格式和要求，并结合应用场景撰写和应用。
- 掌握会议纪要的写作格式和要求，并结合应用场景撰写和应用。
- 掌握新闻稿的写作格式和要求，并结合应用场景撰写和应用。

点石成金

优秀的写作，开始于清晰的思路，使经理人明白真正该花时间去思考的到底是什么，并用书面的形式把自己的思绪整理得更清晰、更有条理。

课堂讨论

1. 企业通常在什么情况下对外发布商务新闻？
2. 请说一说邀请函和请柬有什么区别。
3. 请说一说会议纪要和会议记录有什么区别。
4. 除了本章学习的公文，你还知道哪些其他的公文类型呢？跟大家分享一下。

项目五　公共关系日常礼仪

项目导学

众所周知，形象是企业面临的一个重要问题。而公关礼仪是构成形象的一个重要概念。在当今竞争日益激烈的社会中，越来越多的企业对企业自身的形象以及员工的形象越来越重视。专业的形象和气质以及在商务场合中的交际礼仪已成为在当今职场取得成功的重要手段，掌握一定的公关礼仪有助于提高人们的自身修养，还可以塑造企业形象，提高客户满意度和美誉度，并能最终达到提升企业的经济效益和社会效益的目的。

学习目标

职业知识：了解礼仪对职场人士的重要性；掌握仪容、仪表、仪态、称呼、介绍、握手、名片、乘车、引导、电话、会议、宴请、剪彩、签字仪式的礼仪的要点。

职业能力：善于进行自身职场形象的塑造；正确运用商务见面礼仪和商务接待礼仪；能撰写一份高质量的商务剪彩仪式和签字仪式的策划方案。

职业素质：公共关系日常礼仪是内化于心、外化于行的展现，要从日常做起，不断地训练、打磨自己的一言一行，方能彰显自身的涵养并树立公司形象。

思维导图

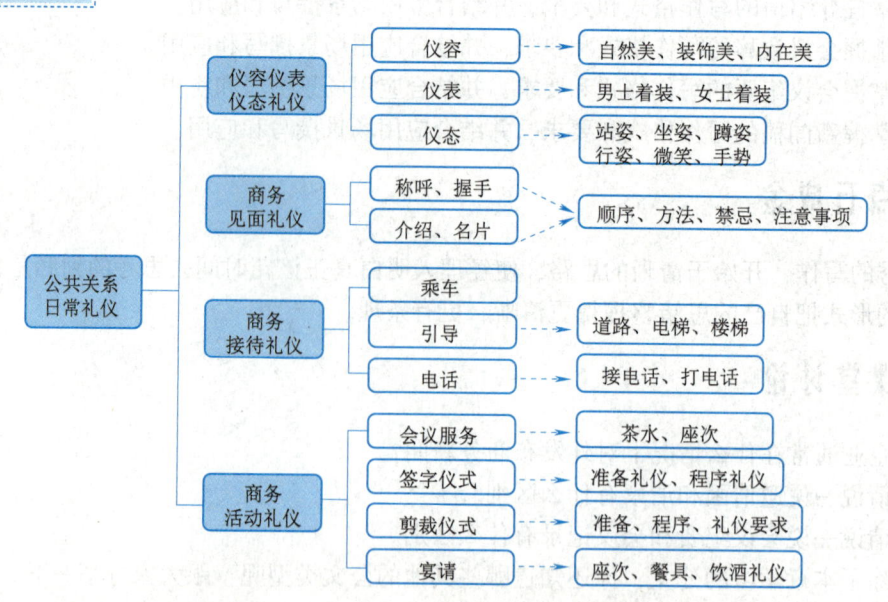

```
                    ┌── 仪容仪表 ──┬── 仪容 ──── 自然美、装饰美、内在美
                    │   仪态礼仪   ├── 仪表 ──── 男士着装、女士着装
                    │              └── 仪态 ──── 站姿、坐姿、蹲姿
                    │                            行姿、微笑、手势
                    │
                    ├── 商务       ┌── 称呼、握手 ┐
                    │   见面礼仪   └── 介绍、名片 ┴── 顺序、方法、禁忌、注意事项
公共关系 ───────────┤
日常礼仪            ├── 商务       ┌── 乘车
                    │   接待礼仪   ├── 引导 ──── 道路、电梯、楼梯
                    │              └── 电话 ──── 接电话、打电话
                    │
                    └── 商务       ┌── 会议服务 ── 茶水、座次
                        活动礼仪   ├── 签字仪式 ── 准备礼仪、程序礼仪
                                   ├── 剪裁仪式 ── 准备、程序、礼仪要求
                                   └── 宴请 ───── 座次、餐具、饮酒礼仪
```

项目五　公共关系日常礼仪

> **引导案例**

永远微笑服务

　　希尔顿于1919年把父亲留给他的1.2万美元连同自己挣来的几千美元投资出去开始了他雄心勃勃的经营旅馆生涯。当他的资产从1.5万美元奇迹般地增值到几千万美元的时候，他欣喜自豪地把这一成就告诉母亲，母亲却淡然地说："依我看，你跟以前根本没有什么两样……事实上你必须把握比5 000万美元更值钱的东西：除了对顾客忠诚，还要想办法使到希尔顿住过的人住过了还想再来住，你要想出这样的简单、容易、不花本钱而行之久远的办法来吸引顾客。这样你的旅馆才有前途。"

　　母亲的忠告使希尔顿陷入迷惘：究竟什么办法才具备母亲指出的这四大条件呢？他冥思苦想不得其解。于是他逛商店串旅店，以自己作为一个顾客的亲身感受，得出了"微笑服务"准确的答案。它同时具备了母亲提出的四大条件。

　　从此，希尔顿实行了微笑服务这一独创的经营策略。每天他对员工说的第一句话是："你对顾客微笑了没有？"他要求每个员工不论如何辛苦，都要对顾客报以微笑。

　　1930年西方国家普遍爆发经济危机，也是美国经济萧条严重的一年，全美旅馆倒闭了80%。希尔顿的旅馆也一家接一家地亏损不堪，曾一度负债50亿美元。希尔顿并不灰心，而是充满信心地对员工说："目前正值旅馆亏空，靠借债度日的时期，我决定强渡难关，请各位记住，千万不可把愁云挂在脸上，无论旅馆本身遭遇的困难如何，希尔顿旅馆服务员的微笑永远是属于顾客的阳光。"因此，经济危机中纷纷倒闭后幸存的20%的旅馆中，只有希尔顿旅馆员工面带微笑。经济萧条刚过，希尔顿旅馆便率先进入了繁荣时期，跨入了黄金时代。

（资料来源：百度文库节选）

任务一　运用商务仪容仪表仪态礼仪

情境导入

甲公司是高科公司重要的合作伙伴，明天甲公司的苏总一行就将抵达重庆，他们的航班上午十点半抵达江北机场。王经理让小妮和他一起到机场去迎接苏总一行，让她提前做好接机准备。商务场合公关人员端正得体的仪容、仪表、仪态不仅体现个人素质，也代表着公司形象，小妮也是非常注重的。

任务描述

商务场合，什么才是正确的仪容、仪表、仪态？

商务礼仪，通常指的是礼仪在商务行业之内的具体运用，主要泛指商业社交行为间的一种约定俗成的礼仪；亦指商务人员在自己的工作岗位上所应当严格遵守的行为规范。

一、仪容礼仪

◎ 一起来学

仪容在人际交往中实际意义往往胜过语言，可以透视出一个人的修养和内在品质，甚至体现个人所代表的家庭、单位、城市等更丰富的内涵。仪容主要指人的容貌。商务礼仪角度对仪容的要求是仪容美，仪容美包括自然美、修饰美和内在美。

（一）自然美

1. 发型

（1）清洁。保持清洁是对头发最基本的要求，头发要常洗、常理，要保证头发不粘连、不板结、无头屑、无汗馊气味。

（2）长度。头发长度有要求，在重要的工作场合，男士的头发一般不能剃光，同时也不要太长，专业讲法是"前发不附额，侧发不掩耳，后发不及领。"女士在重要场合、工作场合"长发不过肩"，如果是长发，最好扎成辫子或者盘起来，不要随意散开。

（3）发型。发型的修饰最重要的是要整洁规范，长度适中，款式适合自己。

（4）颜色。头发的颜色最好是黑色，做到正确护发、适当染发、慎重烫发。

2. 面部

（1）眼睛。眼睛分泌物及时去除，如果戴眼镜，清洁镜片上的污渍，保持镜片的清洁。

（2）鼻子。鼻子分泌物及时去除，如果鼻子上有黑头应做必要的清洁和护理。男士定时修剪鼻毛。

（3）口部。口部要做到三无，即"无异味、无异物、无异响"。吃饭时不要发出声响，吃完饭后及时清理口角周围的唾液、飞沫、食物残渣，更不能当众剔牙。男士定时修剪胡须。

（4）牙齿。牙齿的清洁是仪容美的重要部分，而不洁的牙齿被认为是交际中的障碍。当你露出发黑或发黄的牙齿时，是多么的不雅；如果牙缝上留有牙垢，也会让人退避三舍。每天及时刷牙，到专业机构洗牙也很必要。

（5）耳朵。耳部要保持清洁，及时清除耳垢和修剪耳毛。

◎ 一起来听

一次，松下电器创始人松下幸之助去理发，理发师对他说："你毫不重视自己的容貌修饰，就好像把产品弄脏一样，你作为公司代表都如此，产品还会有销路吗？"一席话说得他无言以对。从此以后他接受了理发师的建议，开始注意自己的仪表，并不惜破费到东京理发。

3. 颈部

颈部是人体最脆弱的部位之一，也是最显年龄的部位。因此，平时要多注意对颈部的养护，同时也要注意颈部的卫生。平常洗脸要注意清洗颈部，特别是耳朵背面和后颈部。

4. 手部

保持手部清洁，常洗手。还应常剪手指甲，指甲的长度以不长过手指指尖为宜。商务人员不宜涂彩甲（特殊行业除外），不宜在手臂上文身。

5. 腿部

女士要注意腿毛的修剪，在商务场合穿包裙应穿丝袜，不露光腿。商务人员不宜在腿上文身。

6. 脚部

在商务场合，应穿包住脚指头的鞋子，不露脚趾。

◎ 一起来看

皮肤护理小贴士

（1）饮食调理：多吃水果、蔬菜，少吃鱼虾、牛羊肉等食品。

（2）生活调理：生活要有规律，保持充足的睡眠。

（3）皮肤要保持清洁，经常用冷水洗脸。

（4）尽量避免在炎热的空气中逗留，避免尘埃、汗水的过多刺激。

（5）要保持皮肤吸收充足的水分，避免夏季炎热引起的皮肤干燥。

（6）避免过度日晒，否则会使皮肤受到灼伤，出现红斑、发黑等过敏现象。

（二）修饰美

商务礼仪化妆是绝大多数商界工作人员所必须具备的一项知识性礼仪。商务礼仪化妆可以体现一个人的态度，它看似简单，却是一个企业对外形象的展示。化妆应遵循三"W"原则，即 When（时间）、Where（场合）、What（事件）。不同场合化不同的妆容，是得体形象的定位与诠释。

（1）妆容要视时间场合而定。在工作时间、工作场合应画淡妆。浓妆在晚宴等场合才可用。外出旅游或参加运动时，不要化浓妆，否则在自然光下会显得很不自然。

（2）不要非议他人的妆容。由于文化、肤色等差异，以及个人审美观的不同，每个人化的妆不可能是一样的，切不可对他人的妆容品头论足。

（3）避免当众化妆或补妆。当众化妆，尤其是在工作岗位上当众这样做很不庄重，并且还会使人觉得你对待工作不认真。常当众化妆的女性可能会因此得到"花瓶"的绰号。女士要补妆最好去专门的化妆间或卫生间。

（4）不要借用他人的化妆品，这既不卫生，也不礼貌。

（5）吊唁、丧礼场合不宜浓妆。哀悼性的场合不应浓妆艳抹和穿鲜艳的衣服，也不宜抹口红，应保持素颜，也可化淡妆。

（6）避免残妆示人。努力维护妆面的完整性。用餐之后、饮水之后、休息之后、出汗之后、沐浴之后，一定要及时补妆。

◎ 一起来品

三流的化妆是脸上的化妆；二流的化妆是精神的化妆；一流的化妆是生命的化妆。

◎ 一起来做

林肯的胡须

美国历史上最著名的总统之一——林肯，出身于一个拓荒者的家庭，他竞选总统之前的职业是律师。林肯在竞选总统时名气并不是很大。他在竞选过程中，收到了一个小姑娘的来信，信中说："您的相貌太平常了，您的下巴又光秃秃的，不够威严，不像男子汉。如果您蓄上一大撮胡子，那么我们全家都会投您的票。"林肯采纳了小姑娘的意见，蓄上一撮大胡子，这使他的形象增添了几分光彩，赢得了许多选民的好感。林肯仅通过对胡须加以修饰，就使自己原来的形象得到了改善，变得更完美、更有魅力，因而获得了更多选民的支持和认同。

问题：这个案例说明了什么？

分析提示：这是一个流传很广的故事，虽然不能确定林肯的胡须给其竞选带来了多大的好处，但是故事从侧面反映出容貌修饰的重要性，商务人士如不注重与其身份相适应的容貌修饰，在某种程度上会影响工作。

（资料来源：王玉苓，《商务礼仪案例与实践》，人民邮电出版社）

（三）内在美

内在美是指人的内心世界的美，它包括人生观和人生理想、思想觉悟、道德情操、行为毅力、生活情绪、文化修养、审美情趣等。正确的人生观和人生理想、高尚的品德和情操、丰富的学识和修养，构成一个人的内在美。

可以说，真正意义上的仪容美，应是自然美、修饰美、内在美三个方面的高度统一，忽略其中任何一方面都会使仪容美黯然失色。

◎ 一起来品

美必须干干净净，清清白白，在形象上如此，在内心中更是如此。

二、仪表礼仪

◎ 一起来学

仪表通常是指人的外表，是人外在美的组成部分，主要包括服饰和配饰两方面。

(一) TPO 着装三原则

TPO 着装三原则是指人们在穿着打扮时要兼顾时间、场合、目的,并与之相适应。

"T"表示时间(Time),是指穿着要应时,不仅要考虑时令变化、早晚温差、季节气候特点,还要保持与潮流大势同步。

"P"表示场合(Place),是指穿着要因地制宜。如果是去公司或单位拜访,穿职业套装会显得专业;外出时要顾及当地的传统和风俗习惯,如去教堂或寺庙等场所,不能穿过露或过短的服装。

"O"表示目的(Object),是指穿着要适合自己,要根据自己的工作性质、社会活动的要求、年龄、气质等来选择服装,从而塑造出与自己身份、个性相协调的代表形象。

◎ 一起来做

看歌剧的观众

北京劳动人民文化宫上演由张艺谋执导的意大利歌剧《图兰朵》时,出现了身穿裤衩、背心的人与身着燕尾服、晚礼服、西装裙的人一同欣赏节目的场景。

问题:案例中所描述的场景是否有不妥之处?

分析提示:人们的仪表规范应遵循 TPO 着装三原则,注意在穿着打扮时要兼顾时间、场合和目的,并与之相适应。案例中观看歌剧属于较正式场合,观众应注意维护自己的形象,并适宜穿燕尾服、晚礼服、西装裙等服装。

(资料来源:杜明汉,《商务礼仪》,高等教育出版社)

(二) 男士着装礼仪

西装也称西服,起源于17世纪的欧洲,是上下面料完全一致的两件套或三件套。

1. 西装的面料和颜色

西装一般要求在正式场合穿,因此对西装面料的要求比较高。高档西装应选择纯毛料或含毛量较高的毛涤织物,含毛量越高的西装透气性越好,穿上身越显得挺括。西装面料一般宜选择无图案面料,有时也可以选择隐形细竖条。西装颜色最好是藏蓝色,年轻人可选择灰色、浅灰色,黑色西装适合在各种仪式上穿。

深色西装搭配浅色衬衣和鲜艳、中深色领带为宜;中深色西装搭配浅色衬衣、深色领带为宜;浅色西装搭配中深色衬衣、深色领带为宜(见图 5-1)。

2. 西装

新买来的西装在穿之前,要把袖子上的商标剪掉。西装要求挺括,不能有褶皱。

图 5-1 西装、领带、衬衣搭配

（1）西装的长度：西装上衣长度包括衣长和袖长。垂臂时衣服下沿与手指的虎口处相齐，袖长在距离手腕处 1~2 厘米为宜。

（2）西装的领子：穿上西装后领子应紧贴衬衣领，并低于衬衣领 1.5 厘米左右。

（3）西装的扣子：穿西装时，扣子的扣法很讲究。双排扣西装，正规场合应将扣子全部扣上；单排扣西装，一粒扣西装的扣子可以扣，也可以不扣，两粒扣西装应扣上边的一粒，三粒扣西装应扣中间的一粒或上边两粒。

（4）西装的口袋：西装上衣胸部的口袋是放折叠好的装饰手帕用的，不宜放其他东西；两侧的口袋也不宜放物品，以免西装变形；上衣内侧的口袋可以放名片等薄的物品。

3. 与西装搭配的衬衣

正式场合穿西装，里面应穿单色衬衣，最好是白衬衣。衬衣的领子大小要合适，系上衬衣最上面一粒扣子，能伸进去一到两个手指；领头要挺括、洁净，不能有折痕；衬衣领子应露在西装领子外 1.5 厘米左右；衬衣的下摆要塞到裤腰里；衬衣的袖口应露出西装袖口外 1.5 厘米左右，以保护西装的清洁（见图 5-2）。

图 5-2 西装与衬衣的领子、袖子长度比例

4. 与西装搭配的领带

领带的长度、宽度要适中。当站立时，系好的领带以大箭头垂到腰带处为标准，具体为到皮带或皮带扣下端 1~1.5 厘米。穿马甲时，领带尖不要露出马甲的下边。领带的宽度应与西装翻领的宽度相适宜，领带结的大小应与衬衣领口敞开的角度相配合。当打上领带时，衬衣的领口和袖口都应该系上；如果取下领带，领口的纽扣一定要解开。

5. 与西装搭配的长裤

裤长以裤脚接触脚背、一般达到皮鞋后帮的一半为佳，裤线要清晰、笔直。

6. 与西装搭配的鞋袜

袜子的颜色应以深色为主，也可与裤子或鞋的颜色相同，不宜用白袜子配黑皮鞋，切忌穿肉色丝袜。袜子要整洁，不应有异味和破洞。穿西装要穿皮鞋，鞋的颜色以黑色为主，并要经常保持皮鞋的洁净和光亮（见图 5-3）。

7. "三个三"

男士商务场合着装应讲究"三个三"。

图 5-3　男士皮鞋、袜子常用色（黑色、灰色、深蓝色）

（1）三色原则：职场男士在公务场合着正装，全身服装的颜色不得超过三种。如果多于三种颜色，则每多出一种，就多出一分俗气，颜色越多则越俗。

（2）三一定律：职场男士如果着正装必须使三个部位的颜色保持一致，在职场礼仪中叫作"三一定律"。具体要求是：皮鞋、皮带、皮包应基本一色（见图 5-4）。

图 5-4　三一定律

（3）三大禁忌：一是职场男士西服套装左袖商标不拆者是俗气的标志；二是职场男士最好不要穿尼龙丝袜，而应当穿高档一些的棉袜子，以免产生异味；三是职场男士不要穿白色袜子，尤其是穿西服并穿黑皮鞋时。

8. 领带的系法（见图 5-5）

平结	第一步：将领带较宽的一端（下面简称大端）交叉叠放于领带较窄的一端（下面简称小端）； 第二步：将大端放置于小端之后； 第三步：大端绕至小端前成环； 第四步：把大端向内向上穿过领圈； 第五步：将大端向下插入先前形成的环中，系紧； 第六步：完成

图 5-5　领带的系法

温莎结		第一步：大端在左前，小端在右后，呈交叠状； 第二步：大端向内向上翻折，从领口三角区域翻出； 第三步：继续将大端从小端后面翻至左边领圈； 第四步：大端由外向内翻过左领圈； 第五步：大端从前面绕小端旋转一圈； 第六步：把大端向内向上穿过领圈； 第七步：将大端向下插入先前形成的环中，系紧； 第八步：完成
浪漫结	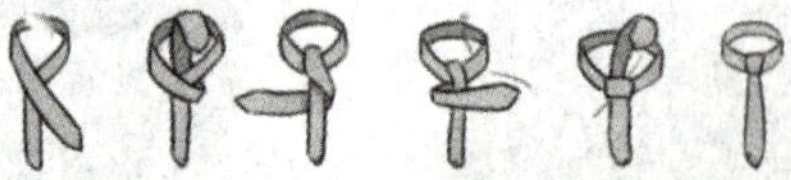	第一步：大端在右前，小端在左后，呈交叠状； 第二步：大端向内穿过左领口抽出； 第三步：大端向左下从后绕至小端右边； 第四步：大端绕至小端左边并由内穿过左领口抽出； 第五步：将大端向下插入形成的环中； 第六步：完成
双环结	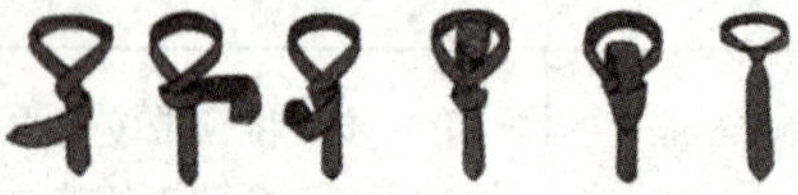	第一步：将领带大端叠放于小端，并向后绕小端一圈； 第二步：重复第一步，继续顺势将领带大端绕小端一圈； 第三步：形成双环； 第四步：把大端向内向上穿过领圈； 第五步：将大端向下插入先前形成的双环的内侧，而不是中间，系紧； 第六步：完成
交叉结		第一步：大端在左后，小端在右前，呈交叠状，将小端向内翻折； 第二步：小端再绕大端一圈； 第三步：把小端向上翻折至领口区域； 第四步：小端穿过领口抽出； 第五步：将小端从前一圈内穿入； 第六步：把小端叠放至大端后，系紧； 第七步：完成

图 5-5　领带的系法（续）

双交叉结	(图示)	第一步：大端在右前，小端在左后，呈交叠状，将大端向内翻折； 第二步：大端绕过右领口向下抽出； 第三步：大端绕小端一圈； 第四步：再绕一圈； 第五步：大端由内向外穿过左领口抽出； 第六步：将大端向下插入形成的环中； 第七步：完成

图 5-5　领带的系法（续）

◎ 一起来看

中山装的由来

孙中山先生在日本居住期间，看到日本学生所穿服装简朴、方便、灵巧、大方，于是他就将这种学生装的领子和口袋等部位加以改进，改成单立领，前身门襟九个扣子，左右上下四个明袋，袋褶向外露，后身有带缝，中腰处有一腰带。这就是最早的中山装。

（三）女士着装礼仪

1. 四大禁忌

（1）切忌过分艳丽。在正式场合中，女性打扮应该以庄重保守为佳，过分艳丽的，如浅黄、粉红、浅绿或橘红色套裙都不适合在正式场合穿着。

（2）切忌过分透视。

（3）切忌过分短小暴露。女性在正式场合的着装不要太短太暴露，会给人不庄重、不雅致的感觉，同时也显得对客户不够尊重。一般来说上衣的上限是齐腰，露腰露腹的上衣不雅观；套裙不能太短，超短裙绝对不提倡。

（4）切忌过分紧身。在正式场合，套装的肥瘦也要合适，过分凸显身材的套装也不宜穿。

2. 套裙的选择

面料平整、润滑、光洁、柔软、挺括，不起皱、不起球、不起毛；色彩以冷色调为主，体现出典雅、端庄、稳重；无图案或格子、圆点、条纹；不宜过多的点缀；造型有 H 型、X 型、A 型、Y 型。

套裙的穿法：长短适宜、穿着到位、协调妆饰、兼顾举止。

3. 衬衣的选择

衬衣面料要求轻薄而柔软，可选择真丝、麻纱、纯棉。色彩要求雅致而端庄，且不失女性的妩媚，只要不是过于鲜艳的颜色，不和套裙的色彩排斥，各种色彩的衬衣均可；衬衣色彩与套裙的色彩协调，内深外浅或外浅内深，形成深浅对比，最好无图案。

穿衬衫的注意事项：衬衫下摆掖入裙腰里，纽扣一一系好；不可在外人面前脱下上衣，直接以衬衫面对对方。

4. 鞋袜的选择

鞋袜是女性的"脚部时装"和"腿部时装"；鞋以高跟、半高跟黑色牛皮鞋为宜，也可选择与套裙色彩一致的皮鞋；穿裙子应当配长筒袜或连裤袜（忌光脚），颜色以肉色、黑色最为常用，尤其要注意的是，袜口不能露在裙摆或裤脚外边（忌三截腿）；鞋袜要大小相宜，鞋袜完好无损，鞋袜不可当众脱下，袜子不可随意乱穿。

（四）首饰

1. 首饰佩戴规则

首饰包括耳环、项链、手链、戒指、脚链、胸针等，在商务场合是可以佩戴首饰的，但要遵循以下8个规则才不会弄巧成拙（见表5-1）。

表5-1 首饰佩戴原则

规则	内容
数量规则	数量以少为好，如果想同时佩戴多种首饰最好不超过三种
色彩规则	如果佩戴两种或两种以上的首饰，要求色彩一致
质地规则	戴镶嵌首饰时，要求镶嵌物质地一致，托架也要力求一致
身份规则	选戴首饰时，要考虑个人爱好，还要和自己年龄、职业保持一致
体型规则	选择首饰时，要努力使首饰的佩戴为自己扬长避短
季节规则	金色、深色首饰适合冷季佩戴；银色、浅色适合暖季佩戴
搭配规则	要兼顾服装的质地、色彩、款式，并努力让它在搭配风格上般配
习俗规则	少数民族的首饰佩戴以多为美，以重为美

2. 首饰佩戴方法

（1）戒指。

◎ 一起来听

崇拜说：戒指源自古代太阳崇拜。古代戒指以玉石制成环状，象征太阳神日轮，认为它像太阳神一样，给人以温暖，庇护着人类的幸福和平安，同时也象征着美德与永恒、真理与信念。婚礼时，新郎戴金戒指，象征着火红的太阳；新娘戴银戒指，象征着皎洁的月亮。

实用说：在3 000多年前，那时还没有戒指，由于埃及的统治者有将代表权贵的印章随时带在身上的习惯，但又嫌拿在手上累赘，于是有人想到镶一个圆环，把它戴在手指头上。天长日久，人们发现男人手指头上的小印章挺漂亮，于是不断改良，并演变成了女士的饰品。

拇指通常不戴戒指，其余四指戴戒指的寓意是：食指表示尚未结婚，正在求偶；中指表示正在热恋中；无名指表示已订婚或已婚；小拇指表示单身或独身主义者；中指和无名指同时戴表示已婚且夫妻感情很好。

（2）项链。体型较胖、脖子较短的人宜佩戴长而细的项链；身材苗条修长、脖子细长的人则最好佩戴宽粗的项链；青年女性适合细型、花色丰富的项链；中老年人适宜粗型、传统设计的项链；穿翻领或高领时，项链戴在衣服外面；厚羊毛衫适宜佩戴珠宝项链。

（3）耳环。

项目五　公共关系日常礼仪

◎ 一起来听

故事一：佩戴耳环与古老的迷信有关，传说中的魔鬼和其他妖灵总想进入人体，强占人体，因此人体上所有可能进出的孔窍都必须特别守护。耳环就是在耳朵上戴的幸运符。

故事二：相传古代有一位害眼病的姑娘，不久双目失明了。后来，她幸遇一位名医，名医认为她可以复明。在征得姑娘的同意后，名医拿起闪闪发光的银针在她两侧耳垂中各刺一针后，奇迹出现了，姑娘重见光明。姑娘非常感激，于是请银匠精制一对耳环戴在耳上，以示永不忘记名医之恩。当姑娘戴上银耳环后，她日益眉清目秀，并逢人传诵名医的声名。穿耳戴环能明目的奇迹相继传开以后，许多富裕人家的女性纷纷穿耳戴环，成为高贵身份的象征。

脸型与耳环的搭配：圆脸型适宜佩戴链式耳环或耳坠；方脸型可戴小耳环或耳坠，选用曲线流畅的椭圆形、鸡心形耳环；长脸型可选用宽大耳环，不宜戴长且垂的耳环；肤色白皙的女性适宜戴红色、翡翠绿等色彩较艳丽的耳环；皮肤偏黑的女性适宜白色、浅蓝、天蓝、粉红色耳环；金银色耳环适宜各种肤色的人佩戴。

（4）手镯和手链。手镯和手链一般只戴一只或一条，通常戴在左手；一般不要在一只手上戴多只或多条，最好不要同时佩戴手镯和手链；不应和手表同戴于一只手上。

（5）胸针。穿西装时，配在左领上；穿无领上衣时，应别在左胸前；发型偏左胸针居右，反之亦然；胸针高度在第一、二粒纽扣之间；个子较矮者选用小一点胸针，佩戴高一点，反之亦然。

三、仪态礼仪

◎ 一起来学

（一）站姿

标准的站姿，从正面观看，全身笔直，精神饱满，两眼正视，两肩平齐，两臂自然下垂，两脚跟并拢，两脚尖张开60°，身体重心落于两腿正中；从侧面看，两眼平视，下颌微收，挺胸收腹，腰背挺直，手中指贴裤缝，整个身体庄重挺拔。好的站姿，不是只为了美观，对于健康也是非常重要的。

1. 站姿的种类

（1）腹前握指式（见图5-6）。双手合起放于腹前，左手下右手上，自然交叉叠放腹前。男士握于手背部位，女士握于手指部位。

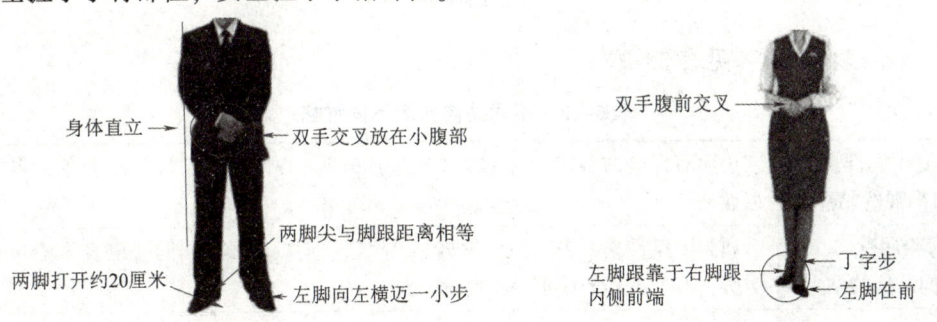

图5-6　腹前握指式站姿

(2) 两臂侧放式（见图5-7）。双臂自然下垂，虎口向前，手指自然弯曲。

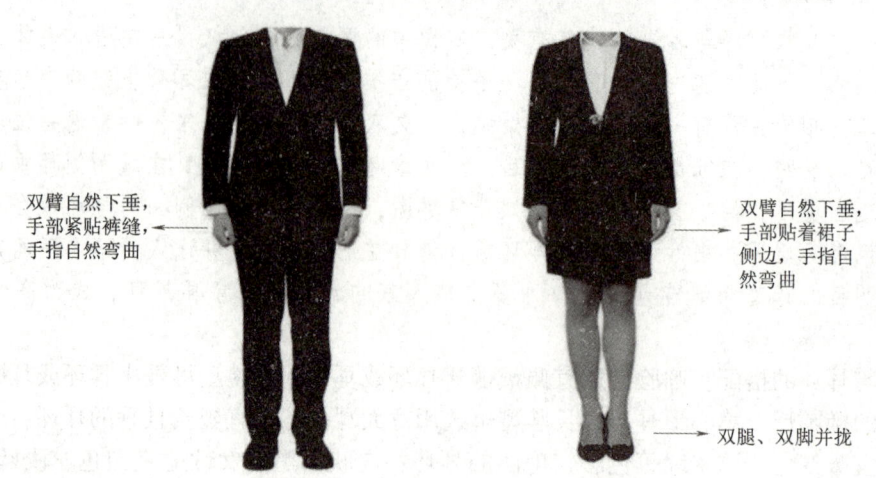

图5-7 两臂侧放式站姿

(3) 后背式（见图5-8）。身体直立，挺胸立腰，两手在身后交叉置于腰臀间，右手搭在左手上，两脚跟并拢，脚尖展开60°~70°。

图5-8 后背式站姿

◎ 一起来扫

站姿

2. 从站姿看性格（见表5-2）

表5-2 不同站姿代表不同性格

背脊挺直、胸部挺起、双目平视的站立	说明有充分的自信，给人以"气宇轩昂""心情乐观愉快"的印象，属于开放型性格
弯腰屈背、略现佝偻状的站立	属封闭型性格，表现出自我防卫、闭锁、消沉的倾向，同时也表明精神上处于劣势，有惶惑不安或自我抑制的心情

续表

两手叉腰而立	是具有自信心和精神上占优势的表现，属于开放型性格。对面临的事物没有充分心理准备时绝不会采用这个动作的
别腿交叉而立	表示一种保留态度或轻微拒绝的意思，也是感到拘束和缺乏自信心的表示
将双手插入口袋而立	具有不坦露心思、暗中策划、盘算的倾向；若同时配合有弯腰屈背的姿势，则是心情沮丧或苦恼的反映
靠墙壁而站立	有这种习惯者多是失意者，通常比较坦白，容易接纳别人
背手站立者	多半是自信力很强的人，喜欢把握局势，控制一切。一个人若采用这种姿势处于人面前，说明他怀有居高临下的心理
双脚成内八字状	这是大多数女性的站姿，有软化态度的意味。不少女性在担忧自己显得支配欲和好胜心太强时，往往采取这种站姿

（二）坐姿

1. 坐姿的种类

（1）女士的标准式：上身与大腿、大腿与小腿，小腿与地面，都应保持直角（见图5-9）。

（2）女士的侧点式：双膝先并拢，双脚向左或向右斜放，力求使斜放后的腿部与地面成45°角（见图5-10）。

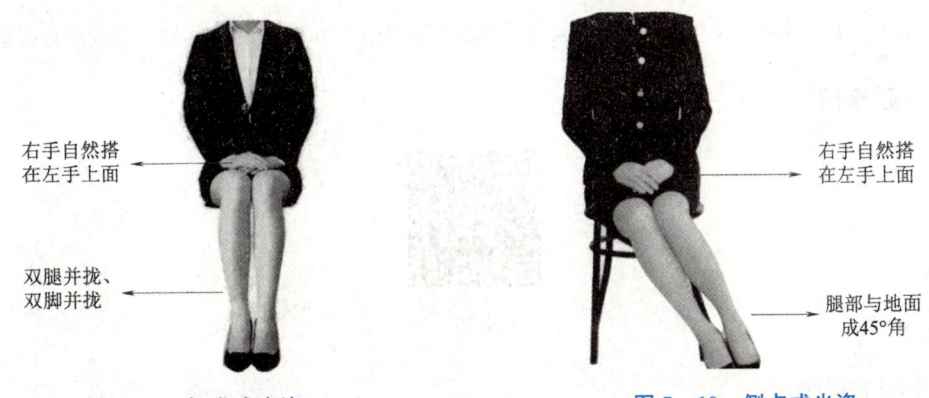

图5-9　标准式坐姿

图5-10　侧点式坐姿

（3）女士的双腿叠放式：双腿一上一下叠放，小腿相靠并在一起斜向身体一侧，叠放后的腿部与地面成45°角。交叠后的两腿间没有任何缝隙，搭在上面的脚脚尖绷直（见图5-11）。

（4）女士的前伸后屈式：大腿并紧后，向前伸出一条腿，并将另一条腿屈后，两脚脚掌着地，一前一后保持在一条直线上（见图5-12）。

（5）男士的正襟危坐式：上身和大腿、大腿和小腿都成直角，小腿垂直于地面。双膝、双脚及脚跟完全并拢（见图5-13）。

（6）男士的垂腿开膝式：上身和大腿、大腿和小腿都成直角，小腿垂直于地面。双膝允许分开，分开的幅度不要超过肩宽（见图5-14）。

公共关系与商务礼仪

（7）男士的双腿叠放式：右腿叠在左膝上部，右小腿内收贴向左腿，脚尖下点，双手叠放在右腿上（见图5-15）。

图5-11　双腿叠放式坐姿　　　　　图5-12　前伸后屈式坐姿

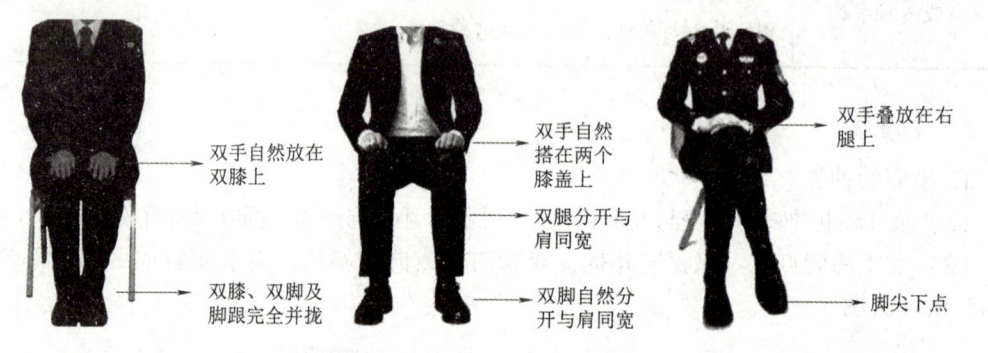

图5-13　正襟危坐式坐姿　　图5-14　垂腿开膝式坐姿　　图5-15　双腿叠放式坐姿

◎ 一起来扫

坐姿

3. 坐姿的程序

（1）入座：

顺序：长者、尊者优先入座；

方式：左入左出。

（2）落座：以女士为例说明，站在椅子左侧。

第一步，向前迈左脚；

第二步，右脚向右横跨一步，落在椅子前；

第三步，左脚向右与右脚并齐；

第四步，捋裙摆；

第五步，坐下，整理着装；

116

第六步：将手放在裙摆处；
第七步：将双脚向左或向右斜放。
（3）离座：
第一步：右脚向后将重心放在右脚上，支撑身体站立起来；
第二步：两脚并齐；
第三步：左脚向左横跨一步，落在椅子左侧；
第四步：右脚向左与左脚并齐；
第五步：将椅子轻轻推回原位。

◎ 一起来扫

入座

◎ 一起来看

孟子休妻的故事

孟子的夫人一个人在家，两腿分开坐着。孟子进门时看到她坐相不雅，顿时无名火起，立即告诉母亲，要休妻。母亲说："你进门的时候她不知道，没有敲门，没有应声，是你的错。"于是孟子认为母亲说得对，不再谈休妻的事。

（三）蹲姿

蹲姿是在特定情况或特定服务中采用的一种暂时性的体态，比如"蹲式服务"或者蹲拾物品。蹲姿注重"稳"和"雅"。

1. 蹲姿的种类

（1）女士的交叉式：下蹲时，左脚在前，右脚在后，左小腿垂直于地面，全脚着地，左腿在上，右腿在下，两腿交叉重叠，右膝由后下方伸向左侧，右脚跟抬起，并且脚掌着地，两脚前后靠近，合力支撑身体，上身略向前倾，臀部朝下（见图5-16）。

双手重叠自然放在左膝上

左腿在上，右腿在下，两腿交叉重叠，右膝由后下方伸向左侧

图5-16 女士交叉式蹲姿

（2）男士、女士通用的高低式：下蹲时，左脚在前，右脚稍后；左脚应完全着地，小腿基本垂直于地面；右脚则应脚掌着地，脚跟提起；此刻右膝低于左膝（女士：右膝内侧可靠于左小腿的内侧；男士：右膝与左小腿自然分开，与肩同宽），形成左膝高右膝低的姿态，臀部向下，基本是用右腿支撑身体（见图5-17）。

图5-17 男女高低式蹲姿

◎ 一起来扫

蹲姿

2. 蹲姿注意事项

（1）蹲下来的时候，不要速度过快。当自己在行进中需要下蹲时，要特别注意这一点。

（2）在下蹲时，应和身边的人保持一定距离。和他人同时下蹲时，更不能忽略双方的距离，以防彼此"迎头相撞"或发生其他误会。

（3）在他人身边下蹲时，最好是和他人侧身相向。正面他人，或者背对他人下蹲，通常都是不礼貌的。

（4）在大庭广众面前，尤其是身着裙装的女士，一定要避免大腿叉开以免走光。

（四）行姿

1. 正确的行姿

正确的行姿能够体现一个人积极向上、朝气蓬勃的精神状态。正确的行姿是以正确的站姿作为基础的。走路时，上身应挺直，头部要保持端正，微收下颌，两肩应保持齐平，应该挺胸、收腹、立腰（见图5-18）。双目也要平视前方，表情自然，精神饱满。

行路时步态是否美观，关键取决于步度和步位。

行进时前后两脚之间的距离称为步度。在通常情况下，男性的步度约为25厘米，女性的步度约为20厘米。女性的步度也与服装、鞋有关系。通常来讲，身穿以直线条为主的服装，行姿要体现庄重大方、舒展矫健；身穿以曲线为主的服装，行姿要体现柔美妩媚、飘逸优雅。

行走时脚落地的位置是步位。行路时最佳步位是两脚踩在同一条直线上，并不走两条平行线。步态美的一个重要方面是步速稳健。要使步态保持优美，行进速度应该保持平稳、均匀，过快过慢都是不允许的。身体各部位之间要保持动作和谐，使自己的步调一致，显得优美自然一些，否则就显得没有节奏。

图 5-18 行姿

2. 不雅的行姿

在正式场合，有几种行姿需要避免：行走时摇头晃脑，身体左右摆动，脚尖向内或向外，摆着"鸭子"步；弓背弯腰，六神无主；双手乱放，无规律，双手插在衣服口袋、裤袋之中，双手掐腰或倒背双手；东张西望，左顾右盼，指指画画，对人品头论足；与几个人一路同行，搭背勾肩，或者蹦跳，或者大喊大叫。

◎ 一起来做

行姿训练

在地面上画一条直线，行走时双脚内侧应踩在线上。若稍稍碰到这条线，即证明走路时两只脚几乎是在一条直线上。训练时配上行进音乐，音乐节奏为每分钟60拍。

（五）微笑

微笑具有传递信息、沟通感情的作用。一个简单的微笑常常能够消除人与人之间的陌生感，拉近彼此的距离。掌握良好的微笑礼仪，能够创造出融洽、和谐、互尊、互爱的气氛，减轻人们身体上和心理上的压力。

◎ 一起来听

美国希尔顿酒店董事长唐纳·希尔顿说："酒店的第一流设备重要，而第一流的微笑更为重要，如果缺少服务人员的微笑，就好比花园失去了春日的阳光和风。"

一度微笑：对方在你视线范围内，距离你5米之外时嘴角微微上扬。

二度微笑：慢慢使肌肉紧张起来，把嘴角两端一起往上提，使上嘴唇有拉上去的紧张感，露出上牙6~8颗，眼睛也要笑。

三度微笑：一边拉紧肌肉，使之强烈地紧张起来，一边把嘴角两端一起向上提，露出8~10颗上牙，下牙也要稍微露出。

◎ 一起来做

筷子法训练微笑

（1）用上下4颗门牙轻轻咬住筷子，看看自己的嘴角是否已经高于筷子了。

(2) 继续咬着筷子，嘴角最大限度地上扬。也可以用双手手指按住嘴角向上推，上扬到最大限度。

(3) 保持上一步的状态，拿下筷子。这时就是你微笑的基本嘴型，能够看到上排 8 颗牙齿就可以了。

(4) 再次轻轻咬住筷子，发出"YI"的声音，同时嘴角向上向下反复运动，持续 30 秒。

(5) 拿掉筷子，察看自己微笑时的基本表情。双手托住两颊从下向上推，并要发出声音反复数次。

(6) 放下双手，同上一个步骤一样数"1、2、3、4"，也要发出声音。重复 30 秒结束。

（六）手势

常见手势的含义见表 5-3。

表 5-3　常见手势的含义

V 形手势	表示"胜利"，如果掌心向内则表示骂人
OK 手势	美国表示"同意"；法国表示"毫无价值"；日本表示"钱"；泰国表示"没问题"；巴西表示"粗俗下流"
招手过来	中国表示"招呼别人"
翘起大拇指	中国表示"赞扬"；美国表示"搭车"；德国表示"数字 1"
举手致意	表示问候、致谢和感谢
双手抱头	表示放松
摆弄手指	给人一种无聊的感觉
手插口袋	表示傲慢，或者不尽力、忙里偷闲

◎ 一起来品

文明礼仪，不仅是个人素质、教养的体现，也是个人道德和社会公德的体现。

◎ 一起来练

仪态礼仪

【实训目标】
帮助学生掌握仪态礼仪的基本规范。

【实训内容】
站姿、坐姿、蹲姿、行姿和手势礼仪。

【实训组织】
(1) 学生 3~4 人为一组，课前自行设计商务场景（要求情节中必须包含站姿、坐姿、蹲姿、行姿和手势的运用）。

(2) 现场展示。

【实训考核】
仪态礼仪实训考核评分表见表 5-4。

表5-4 仪态礼仪实训考核评分表

考核人	教师		被考核人	全体学生
考核地点	教室			
考核时长	2学时			
考核标准	内容		分值（分）	成绩
	坐姿得体		14	
	站姿得体		14	
	蹲姿得体		14	
	行姿得体		14	
	手势运用正确、得体		14	
	面带微笑，态度亲切，仪态大方		10	
	情节设计完整，有新意		10	
	团队成员配合默契，参与态度认真		10	
小组综合得分				

任务二 运用商务见面礼仪

情境导入

甲公司苏总一行已经抵达江北机场,王经理和小妮正在接机口等待,王经理准备好了自己的名片,小妮再次整理了一下自己的着装。

任务描述

商务见面包含哪些礼仪?怎么做才符合公关见面礼仪规范?

见面礼仪是指日常社交礼仪中最常用、最基础的礼仪。人与人之间的交往都要用到见面礼仪,特别是从事服务行业的人。见面礼仪通常包括称呼、握手、介绍和名片礼仪。

一、称呼礼仪

◎ 一起来学

(一) 称呼的种类

1. 职务性称呼

在工作中,最常见的称呼方式是以交往对象的职务相称,以示身份有别、敬意有加。以职务相称,具体来说又分为三种情况:

(1) 仅称呼职务。例如,校长、经理、主任。

(2) 在职务之前加上姓氏。例如,张校长、隋处长、马委员。

(3) 在职务之前加上姓名,这仅适用极其正式的场合。例如,张××校长。

2. 职称性称呼

对于具有职称者,尤其是具有高级、中级职称者,可以在工作中直接以其职称相称。以职称相称,也有下列三种情况:

(1) 仅称呼职称。例如,教授、研究员、工程师。

(2) 在职称前加上姓氏。例如,李教授、孙研究员。有时,这种称呼也可加以约定俗成的简化,例如,可将吴工程师简称为吴工。但使用简称应以不发生误会、歧义为限。

(3) 在职称前加上姓名,它适用于十分正式的场合。例如,李××教授。

3. 学衔性称呼

在工作中,以学衔作为称呼,可增加被称呼者的权威性,有助于增强现场的学术气氛。以学衔相称,也有四种情况:

(1) 仅称呼学衔。例如,博士。

(2) 在学衔前加上姓氏。例如,杨博士。

(3) 在学衔前加上姓名。例如,杨××博士。

（4）将学衔具体化，说明其所属学科，并在其后加上姓名。例如，史学博士周××、工学硕士郑××。此种称呼最为正式。

4. 职业性称呼

职业性称呼，即直接以被称呼者的职业作为称呼。例如，将专业辩护人员称为律师，将会计师称为会计，将医生称为医生或大夫。在一般情况下，在此类称呼前，均可加上姓氏或姓名。

5. 姓名性称呼

在工作岗位上称呼姓名，一般限于同事、熟人之间。其具体情况有三种：

（1）直呼姓名。

（2）只呼其姓，不称其名。例如，老王、大张、小李。

（3）只称其名，不呼其姓。通常限于同性之间，尤其是上级称呼下级、长辈称呼晚辈之时。在亲友、同学、邻里之间，也可使用这种称呼。

◎ 一起来扫

称呼的种类

◎ 一起来做

图5-19中的三种情况下，你该怎么称呼？

图 5-19 称呼练习

（二）称呼的禁忌

（1）使用错误称呼。

误读：即念错对方的姓名，这是很不礼貌的。

误会：即对被称呼人的年纪、辈分、婚否以及与其他人的关系作了错误的判断。

公共关系与商务礼仪

◎ 一起来做

从前，有个农夫，听人说"令尊"二字，心中不解，就去请教邻村的一位秀才。"请问相公，这'令尊'二字是什么意思？"秀才心想，这老农连令尊是对人家父亲的尊称都不懂，真傻，于是便戏弄农夫说："这'令尊'二字，是称呼人家的儿子。"农夫信以为真，就问秀才："相公家里有几个令尊呢？"秀才气得脸色发白，却不好发作，只好说："我家中没有令尊。"农夫见他那副样子，以为当真是因为没有儿子而心里难过，就诚恳地安慰他说："相公没有令尊，千万不要伤心，我家里有四个儿子，你看中哪个，我就送给你做令尊吧！"秀才听了，气得目瞪口呆，说不出话来。

问题：读了这个笑话，你有什么想法？

分析提示：这个笑话虽然是讽刺秀才待人不诚，但同时也说明了尊称误用会闹笑话。

◎ 一起来品

尊重他人便是善待自己。

（2）使用过时的称呼，如"老爷""大人"等。

（3）使用不通行的称呼。有些称呼具有一定的地域性，比如，天津人爱称人为"师傅"，山东人爱称人为"伙计"，但是南方人听来，"师傅"等于"出家人"，"伙计"等于"打工仔"。

（4）使用庸俗的称呼。如"兄弟""哥们儿""死党"等一类的称呼，虽然听起来亲切，但显得档次不高或低级庸俗。

（5）用绰号作为称呼。

◎ 一起来品

要尊重一个人，必须首先学会去尊重他的姓名。

◎ 一起来看

有一次，演讲家曲啸同志应邀到一所监狱向犯人讲话，遇到了一个难题，那就是怎么称呼的问题。如果叫"同志们"吧，好像不大合适；如果叫"罪犯们"吧，好像会伤害到对方的自尊。经过考虑，曲啸同志在称呼他们时，说的是"触犯了国家法律的年轻的朋友们"，谁知这称呼一出来，全体罪犯热烈鼓掌，有人还当场落下了热泪。

二、握手礼仪

◎ 一起来学

两人相向，握手为礼，是当今世界最为流行的礼节。不仅熟人、朋友，连陌生人、对手，都可能握手。握手常常伴随寒暄、致意，如你（您）好、欢迎、多谢、保重、再见等。

（一）握手的次序

握手的次序要讲究规则。一般应遵循"尊者优先"的规则，也就是说由尊者先伸出手，位卑者只能在此后予以响应，而绝不可贸然抢先伸手，不然就是违反礼仪的举动。具体情形见表5-5。

表 5-5 握手的次序

种类	具体情形	握手次序
情形一	年长者↔年幼者	年长者先伸出手
情形二	男士↔女士	女士先伸出手
情形三	主人↔宾客	主人先伸出手
情形四	上级↔下级	上级先伸出手
情形五	已婚者↔未婚者	已婚者先伸出手
情形六	先至者↔后来者	先至者先伸出手
情形七	人多的一方↔人少的一方	人多的一方先伸出手

（二）握手的方法

握手时，距离受礼者约一步，上身稍向前倾，两足立正，伸出右手，四指并拢，拇指张开与对方相握。握手时不轻不重地用手掌和手指全部握住对方的手，上下稍微晃动三四次，随后松开手来，恢复原状。离对方太远或太近都是不雅观的，尤其不要将对方的手拉近自己的身体区域内，这很容易造成对方的误解。

一般情况下，握手时要用右手，这是一项不成文的规定，伸左手显得不礼貌。伸出的手应垂直，如果掌心向下握住对方的手，则显示一个人强烈的支配欲，这是无声地告诉别人，你此时处于高人一等的地位，应尽量避免这种傲慢无礼的握手方式；相反，掌心向上同他人握手，则显示一个人的谦卑与毕恭毕敬。如果是伸出双手来接，就更是热情与恭敬的表现。平等而自然的握手姿态是两人的手掌都处于垂直状态，这是最普通，也是最常用的握手方法。

◎ 一起来扫

握手的正确方法

◎ 一起来做

以 2~4 人为一组，由学生扮演不同角色，按照握手礼仪相互做握手练习。

（三）握手的禁忌

（1）不要用左手与他人握手。

（2）不要在握手时戴着手套或墨镜，只有女士在社交场合戴着薄纱手套握手，才是被允许的。

（3）在握手时另外一只手不能插在口袋里或拿着东西。

（4）不要在握手时面无表情、不置一词，或长篇大论、点头哈腰、过分客套。

（5）不要在握手时仅仅握住对方的手指尖，好像有意与对方保持距离。

(6) 不要在握手时把对方的手拉过来、推过去，或者上下左右抖个不停。

(7) 不要拒绝与人握手，即使有手疾或汗湿、弄脏了，也要和对方说一下"对不起，我的手现在不方便"，以免造成不必要的误会。

(8) 不要在与人握手后立即揩拭自己的手掌。

(9) 忌讳在握手时不遵循次序，不依次而行。

◎ 一起来扫

握手的禁忌

◎ 一起来看

1954年，在瑞士召开主要内容为和平解决朝鲜问题的日内瓦会议，周恩来总理受邀请后率领代表团代表中国参加。在前往会场的过程中，一位美国记者停下来想与周恩来总理握手，总理愉快地答应了。他伸出手与记者回握，这本是十分温馨友好的一幕。令所有人大吃一惊的是，美国记者在握完手后，快速地抽回了自己的手，还从裤兜里拿出了一条手帕，反复擦拭自己刚与周总理握过的双手，表情十分的嫌弃，擦完后又把手帕放回自己的裤兜。这一举动几乎让现场的气氛降到了冰点，美国记者自觉自己让中国的颜面扫地，他洋洋得意地看着周恩来。周总理见状只是皱了皱眉头，慢条斯理地从衣服里也掏出了一块手帕，随意地擦了几下自己的手，他擦完手后并没有收起手帕，而是毫不犹豫地把手帕扔进了附近的垃圾桶里。周总理微笑着说："这块手帕不干净了。"那个美国记者尴尬地站在一边，说不出一句反驳的话来。

（资料来源：百度网易新闻）

◎ 一起来品

"朋友来了有好酒，豺狼来了有猎枪"。中华民族伟大复兴是一场接力跑，需要一代又一代人为之接续奋斗。

三、介绍礼仪

◎ 一起来学

介绍通常是指人们初次相见时，经过自己主动沟通，或者借助第三者的帮助，从而使原本不相识者彼此之间有所了解，相互结识。

根据介绍者具体身份的不同，介绍可分为介绍自己、介绍他人、介绍集体等三种。

（一）介绍的次序

介绍的次序要遵循"尊者优先了解"的规则，这是一个极其重要的礼仪问题，也就是说应该先把地位低的人介绍给地位高的人，地位高的人就是尊者，让他先了解对方。具体情形见表5-6。

表5-6 介绍的次序

种类	具体情形	介绍次序
情形一	年长者↔年幼者	年幼者先自我介绍（或被介绍）
情形二	男士↔女士	男士先自我介绍（或被介绍）
情形三	上级↔下级	下级先自我介绍（或被介绍）
情形四	已婚者↔未婚者	未婚者先自我介绍（或被介绍）
情形五	先至者↔后来者	后来者先自我介绍（或被介绍）
情形六	家人↔同事朋友	家人先自我介绍（或被介绍）

（二）介绍自己

1. 介绍自己的时机

掌握自我介绍的时机，它具体涉及时间、地点、气氛、当事人、旁观者及其相互之间的互动等种种因素。

（1）希望他人结识自己。让他人了解自己的最佳方式，就是主动把自己介绍给对方，此种自我介绍称作主动型自我介绍。

（2）他人希望结识自己。当别人表现出想了解自己的意图时，就有必要进行自我介绍，此种自我介绍称作被动型自我介绍。

（3）希望自己结识别人。所谓将欲取之，必先与之。想要结识别人的一大妙法，就是先向对方介绍自己，以取得对方的呼应，此种自我介绍称作交互型自我介绍。

（4）确认他人熟悉自己。有时担心他人健忘或不完全掌握自己的情况，则不妨再次向对方扼要介绍一下本人的简况，此种自我介绍称作确认型自我介绍。

2. 介绍自己的内容

自我介绍的内容应当兼顾实际需要、双边关系、所处场合，并应具有一定针对性。自我介绍可分为下述四种：

（1）应酬式。面对泛泛之交、不愿深交者，或有必要再次向他人确认自己时，可使用应酬式自我介绍。

例如："你好！我的姓名叫周××。"

（2）问答式。在一般性的人际交往中，对于他人需要了解的本人情况，必须有问必答。例如：

甲："先生，你好！你如何称呼?"

乙："你好！我叫周×"

（3）交流式。在社交场合里，需要与他人进行进一步交流时，不妨就交往对象有可能感兴趣的问题，向对方扼要介绍，如籍贯、学历、兴趣等，它被称为交际式自我介绍。

例如："我叫周×，毕业于重庆大学。听说我们是校友，是吗?"

（4）工作式。在工作场合，自我介绍应包括单位、部门、职务、姓名等，它被称作工作式自我介绍。

例如："你好！我是飞马公司销售部副经理周×。"

◎ 一起来说

每位同学准备一分钟的自我介绍。要求：让对方尽快地记住你的名字。

3. 介绍自己的方式

（1）见机行事。自我介绍一定要见机行事，当交往对象有此有兴趣、情绪良好，或外界影响较少时，都是进行自我介绍的良机。

（2）实事求是。介绍自己时，既不宜过分谦虚，贬低自己，也没有必要自吹自擂，夸大其词。必要时，不妨进行自我介绍前先向交往对象递上一张自己的名片，以供对方参考。

（3）态度大方。介绍者一定要保持大方而自然的态度，以求给人见多识广、训练有素之感。语气要平和，语音要清晰，语速要正常。切勿敷衍了事或畏首畏尾。

（4）控制长度。自我介绍的内容要力求简明扼要，在时间上应限定在一分钟之内结束。

◎ 一起来扫

自我介绍关键要领

◎ 一起来做

尴尬不已的介绍

A男士和A女士两位秘书在门口迎接来宾。

一辆小轿车驶来，一男士下车。A女士走向前，道："王总您好！"呈上自己的名片，又道："王总，我叫李月，是××集团的秘书，专程前来迎接您。"王总道谢。A男士上前："王总您好！您认识我吧？"王总点头。A男士又问："那我是谁？"王总尴尬不已。

问题：请分析情境中人物做法的正误。

分析提示：介绍是社交场合相互了解的一种方式，自我介绍应做到及时、准确、清楚，不应该理所当然地认为对方认识自己，即使原来有一面之交，也可能会忘记，所以不应该让对方难堪。

（三）介绍他人

在公务交往中，除介绍自己之外，往往还有必要介绍他人。介绍他人，又称第三者介绍，它指的是由第三者替彼此不认识的双方所进行的介绍。在介绍他人时，替他人所进行介绍的第三者为介绍者，而被介绍的双方则为被介绍者。

1. 谁充当介绍者

（1）专司其职者。在绝大多数时候，介绍者应由本单位专门负责此项事宜的有关人员担任，例如秘书、办公室主任、公关礼宾人员或专职接待人员等。

（2）业务对口者。在外单位人员来访，而对方又与我方其他人员互不认识的情况下，则与对方有业务联系的本单位职员，有担当介绍者的义务。

（3）身为主人者。当来自不同单位的客人互不认识时，则主方人员一般应主动充当介绍者。

（4）身份最高者。假如来访的客人身份较高，本着身份对等的惯例，一般应由东道主一方在场人士中的身份最高者来担任介绍者，以示对被介绍者的重视。

2. 被介绍者意愿

替他人进行介绍之前，介绍者有时需要事先征得被介绍者双方的首肯，以防止被介绍者双方早已认识，或者被介绍者中的一方不希望结识另一方等情况出现。通常应当先征求身份较高者的意见，后征求身份较低者的意见。

3. 介绍时的内容

为他人进行介绍时，不仅应注意前后顺序，还应当斟酌介绍的具体内容。具体内容有以下几种基本模式：

（1）标准式。主要适用于各种正规场合，基本内容应包括被介绍双方的单位、部门、职务与姓名。

例如："我来介绍一下，这位是五洲集团总经理金××先生，这位是新为公司董事长朱珠小姐。"

（2）简介式。适用于一般性的交际场合，基本内容包括被介绍者双方的姓名，有时甚至只提到双方的姓氏。

例如："我想替两位做个介绍。这位是小赵，这位是老杨。大家认识一下吧。"

（3）引见式。多用于普通的社交场合。介绍者在介绍时只需要将被介绍者双方引导到一块儿，而往往不需要涉及任何具体的实质性内容。

例如："两位想必还不认识！大家其实都是同行，只不过以前不曾相识。现在请你们自报家门吧！"

（4）强调式。多见于一些交际应酬之中，内容除被介绍者双方的姓名外，通常还会刻意强调其中一方或双方的某些特殊之点。

例如："这位是大德公司的徐×先生，这位是××报社的记者黄丹丹小姐。顺便提一下，黄丹丹小姐是我的外甥女。"

4. 介绍时的仪态礼节

作为介绍者，无论介绍哪一方，都应手势动作文雅，手心朝左上，四指并拢，拇指张开，胳膊略向外伸，指向被介绍的一方，并向另一方点头微笑，上体前倾15°，手臂与身体成50°~60°。在介绍一方时，应微笑着用自己的视线把另一方的注意力引导过来。态度热情友好，语言清晰明快。

作为被介绍者，当介绍者询问自己是否有意认识某人时，一般不要扭扭捏捏，或加以拒绝，而应欣然表示接受，表现出非常愿意结识对方的态度。应主动热情，面对对方，面带微笑。一般情况下应起立，注意优美的站姿，女士、长者有时可不用站起。在宴会、谈判会上，只略欠身致意即可。

◎ 一起来扫

为他人做介绍

◎ 一起来做

小王为何让领导不满

在一次接待某省考察团来访时,小王因与考察团团长熟识,被部门列为主要迎宾人员陪同领导前往机场迎接贵宾。当考察团团长率领其他工作人员到达后,小王面带微笑,热情地走向前,先于领导与考察团团长握手致意,表示欢迎,然后转身向自己的领导介绍这位考察团团长,接着又热情地向考察团团长介绍自己同来的部门领导。小王自以为此次接待任务完成得相当顺利,但他的某些举动却令其领导十分不满。

问题:小王的举动恰当吗?

分析提示:握手与介绍都应讲究次序,握手忌讳贸然出手。遇到上级、长者、贵宾、女士时,自己先伸出手是失礼的。介绍时应遵循尊者居后的原则,也就是尊者有优先知情权。本案例中,小王先于领导与考察团团长握手致意,是很不礼貌的行为;为双方做介绍时,颠倒了先后顺序,也不合乎礼节的要求。

(四)介绍集体

集体介绍是他人介绍的一种特殊形式,是指介绍者在为他人介绍时,被介绍者其中一方或双方不只是一个人而是多人。

1. 介绍的次序

(1)单向式。当被介绍者双方一方为一人,另一方为多人时,往往应当前者礼让后者,即只将前者介绍给后者,而不必再向前者一一介绍后者。

(2)概括式。当被介绍者双方均人数较多,而又确无必要或可能对其逐一加以介绍时,不妨酌情扼要地介绍一下双方的概况。

例如:"这些都是我的家人。""这些都是我生意上的合作伙伴。"

(3)尊卑式。尊卑式多见于十分正规的公务交往中。它的具体要求是:在为双方均不止一人的被介绍者进行介绍时,不仅需要先介绍位卑的一方,后介绍位尊的一方,而且在介绍其中任何一方时,均应由尊而卑地逐一介绍其具体人员。

例如:"各位来宾,这些都是上海荣民公司的负责人。这位是荣民公司的副总经理麦××先生,这位是荣民公司的总经理助理熊×小姐,这位是荣民公司的财务总监姚××先生。"

2. 介绍的态度

(1)平等待人。进行具体介绍时,对被介绍者双方一定要平等对待,不论介绍的态度、内容还是其他具体方面,均应有规可循,切忌厚此薄彼。

(2)郑重其事。介绍集体时,一定要表现得庄重大方,给人以郑重其事之感,此刻不宜乱开玩笑,或显得过于随意。

◎ 一起来说

以3人为一组,轮流扮演介绍者、被介绍者,按照介绍的礼仪进行展示。

四、名片礼仪

◎ 一起来学

随着社会的发展,名片成为人们互相认识、交往的一个重要媒介和工具,是人们在进行商务活动的必备品。

（一）名片递接次序

名片递接的次序要遵循"位卑者先递"的规则，也就是说地位低的人先掏出名片递给地位高的人。具体情形见表5-7。

表5-7 递名片的次序

种类	具体情形	名片递接次序
情形一	年长者↔年幼者	年幼者先掏出名片递给年长者
情形二	男士↔女士	男士先掏出名片递给女士
情形三	上级↔下级	下级先掏出名片递给上级
情形四	已婚者↔未婚者	未婚者先掏出名片递给已婚者
情形五	先至者↔后来者	后来者先掏出名片递给先至者

（二）名片的索取方法

1. 交易法

所谓将欲取之必先予之，最简单的就是直接把名片递给对方，来而不往非礼也，一般情况下对方会回递。例如："你好！非常高兴认识你，这是我的名片，请多指教。"

2. 激将法

如果遇到某人地位身份跟你相差悬殊，出于防范之心或阶层落差，可能不给你名片，这时可以采用激将法。例如："张总经理，不知我能否有幸和您交换一下名片呢？"

3. 谦恭法

这一般是针对学者、专家、名人用的方法。例如："张教授，前段时间您在××会议上的观点非常有见地，希望有机会向您请教。"

（三）名片的递接方法（见图5-20）

1. 递名片

起立，走近对方，面带微笑，上身微向前倾，用双手的大拇指和食指拿住名片上端的两个角，名片上的名字正对着对方。语言提示："这是我的名片，请多指教。""希望保持联络。""非常高兴认识您！""初次见面，请多多关照。"

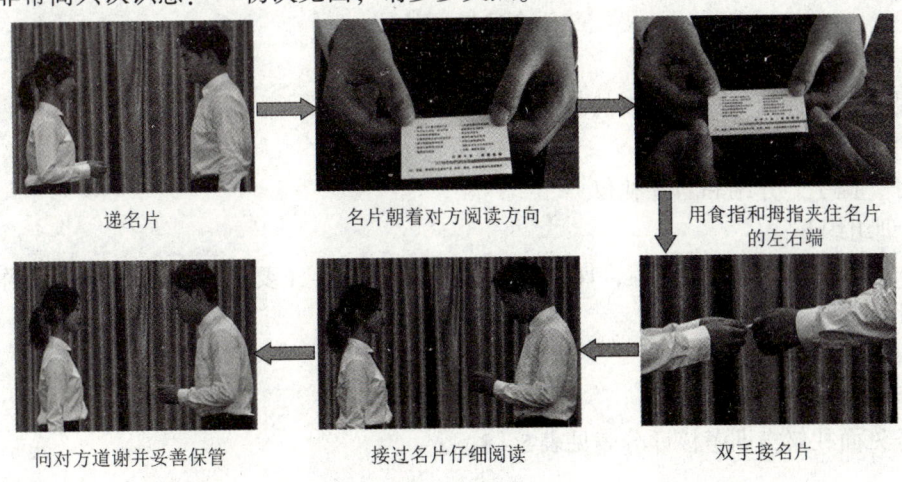

递名片　→　名片朝着对方阅读方向　→　用食指和拇指夹住名片的左右端

向对方道谢并妥善保管　←　接过名片仔细阅读　←　双手接名片

图5-20 名片的递接方法

2. 接名片

接受他人名片时应起身或欠身，面带微笑，双手或右手接过，不要只用左手去接。接过名片后，要从头至尾把名片认真默读一遍，意在表示重视对方。根据需要可以将名片上重要的内容读出来，如对方的职务、头衔、职称，以示仰慕。看完后郑重地将其放入名片夹中，并表示谢意。

◎ 一起来品

名片虽小，空间乃大；名片虽小，内涵乃深；

名片虽小，运用乃广；

名片虽小，意趣乃多。

◎ 一起来扫

名片递接细节展示

（四）名片的使用禁忌

（1）残缺折皱的名片不使用；

（2）名片不宜涂改；

（3）在比较重要的场合不能提供两个以上的头衔的名片，尽量简单；

（4）不能把名片当作传单随意散发；

（5）不要随意将他人名片放桌子上或塞在裤子口袋里；

（6）不要随意拨弄他人的名片。

◎ 一起来做

请2人一组展示递接名片，注意递接名片的动作和语言提示。

◎ 一起来练

商务见面礼仪

【实训目标】

帮助学生掌握商务见面礼仪的基本规范。

【实训内容】

称呼、握手、介绍和名片礼仪。

【实训组织】

（1）学生以3~4人为一组，课前自行设计商务场景（要求情节中必须包含称呼、握手、介绍和名片礼仪的运用）。

（2）现场展示。

【实训考核】

商务见面礼仪实训考核评分表见表5-8。

表 5-8 商务见面礼仪实训考核评分表

考核人	教师		被考核人	全体学生
考核地点	教室			
考核时长	2 学时			
考核标准	内容		分值（分）	成绩
	称呼适宜		15	
	握手次序、动作正确		15	
	介绍次序、动作、语言提示到位		15	
	递接名片次序、动作、语言提示到位		15	
	面带微笑，态度亲切，仪态大方		15	
	情节设计完整，有新意		15	
	团队成员配合默契，参与态度认真		10	
小组综合得分				

任务三 运用商务接待礼仪

情境导入

王经理和小妮迎接到了苏总一行,并进行了见面礼仪的展示,接下来将带着客人乘车前往公司。

任务描述

接待礼仪包含了哪些场景礼仪?具体怎么来规范应用?

汽车如今已成为现代社会最主要的交通工具之一,不在桌前(办公室、餐桌),就在车上早已成了许多白领的工作缩影。与领导、同事、客户一同乘车更是难免,因此坐车礼仪就显得十分重要了。

一、乘车礼仪

◎ 一起来学

轿车上座次的尊卑在礼仪上来讲,主要取决于下列四个因素:轿车的驾驶者、轿车的类型、轿车上座次的安全系数,以及轿车上嘉宾的本人意愿。本着方便为上、安全为上、尊重为上的原则进行乘车座次安排。

(一)乘车座次

双排五座轿车,当主人亲自开车的时候,这时最尊贵的位置是副驾驶,其次依次是后排右边座,后排左边座,最后是后排中间座;如果是专职司机开车,这时最尊贵的位置就是后排右边座,其次依次是后排左边座,后排中间座,最后是副驾驶的位置,数字越小表示地位越高(见图5-21)。

图 5-21 双排五座车座次

（二）女性上下车

作为女性，上下车姿势必须十分讲究（见图5-22）。

1. 上车姿势

上车时仪态要优雅，姿势应该为"背入式"，即将身体背向车厢入座，坐定后再将双脚同时缩进车内（如穿长裙，应在关好车门前将裙子弄好）。

2. 下车姿势

应将身体尽量移近车门，然后将身体重心移至一只脚，再将整个身体移离车外，最后踏出另一只脚（如穿短裙则应将两只脚同时踏出车外，再将身体移出，双脚不可一先一后）。

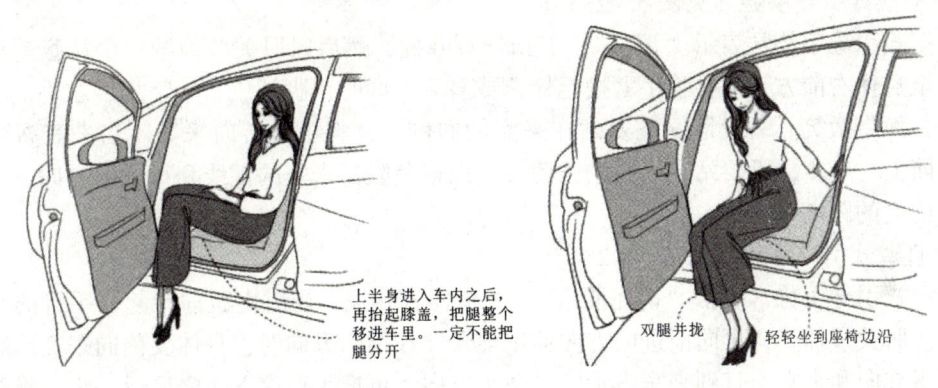

图5-22 女性上下车

（三）上下车的次序

同女士、长者、上司或者嘉宾乘双排座轿车时，应先主动打开车后排的右侧车门，请女士、长者、上司或者嘉宾在右座上就座，然后将车门关上，自己再从车后绕到左侧打开车门，在左座坐下。到达目的地后，若无专人负责开启车门，则自己应先从左侧门下车，从车尾绕到右侧门，把车门打开，并以手挡住车门上框，协助女士、长者、上司或者嘉宾下车。

◎ 一起来扫

乘车礼仪

◎ 一起来做

上海某公司召开一次全国客户联络会，公司的刘总经理亲自驾车带着秘书陈小姐到浦东机场迎接来自香港某集团的章总经理。为了表示对章总的尊敬，刘总请章总坐到轿车的后排，并让陈小姐坐在后排作陪。章总到宾馆入住后，对陈小姐说，明天上午八点的会，他会自己打车到现场，就不麻烦刘总亲自去接了。

问题：1. 章总为什么会这样说？

2. 刘总在座次安排上有什么不妥？

分析提示： 在这个案例中，我们可以看到属于乘车礼仪的主人开车的情况，这时，尊位应该是副驾驶的位置，应安排章总经理坐副驾驶位，秘书陈小姐坐后排。刘总把自己当作司机，这样的安排让章总觉得比较尴尬。

二、引导礼仪

◎ 一起来学

（一）引导基本手势

1. 横摆式引导手势（见图 5-23）

横摆式引导手势常表示"请进"。五指伸直并拢，然后以肘关节为轴，手从腹前抬起向右摆动至身体右前方，不要将手臂摆至体侧或身后。同时，脚站成右丁字步，左手下垂，目视来宾，面带微笑。一般情况下要站在来宾的右侧，并将身体转向来宾。当来宾将要走近时，向前上一小步，不要站在来宾的正前方，以避免阻挡来宾的视线和行进的方向，要与来宾保持适度的距离。

2. 直臂式引导手势（见图 5-24）

直臂式引导手势常表示"请往前走"。五指伸直并拢，屈肘由腹前抬起，手臂的高度与肩同高，肘关节伸直，再向前进的方向伸出前臂。在指引方向时，身体要侧向来宾，眼睛要兼顾所指方向和来宾，直到来宾表示已清楚了方向，再把手臂放下，向后退一步，施礼并说"请您慢走"等礼貌用语。

图 5-23 横摆式引导手势　　图 5-24 直臂式引导手势

3. 曲臂式引导手势（见图 5-25）

曲臂式引导手势常表示"里边请"。当左手拿着物品，或推扶房门、电梯门，而又需引领来宾时，即以右手五指伸直并拢，从身体的侧前方，由下向上抬起，上臂抬至离开身体45°的高度，然后以肘关节为轴，手臂由体侧向体前左侧摆动成曲臂状，请来宾进去。

4. 斜摆式引导手势（见图 5-26）

斜摆式引导手势常表示"请坐"。当请来宾入座时，要用双手扶椅背将椅子拉出，然后一只手屈臂由前抬起，再以肘关节为轴，前臂由上向下摆动，使手臂向下成一斜线，表示请来宾入座。

图 5-25　曲臂式引导手势　　图 5-26　斜摆式引导手势

◎ 一起来扫

引导手势

（二）引导礼仪

1. 道路引导礼仪（见图 5-27）

在公共场合道路行进是以右为尊，引导人员应走在客人的左前方约 1 米的距离，并侧转 130°面向客人，用左手示意方向，并配合客人的行走速度，同时保持职业性的微笑和认真倾听的姿态。途中应注意引导提醒，拐弯或有台阶的地方应使用手势，并提醒客人"这边请"或"注意台阶"。

图 5-27　道路引导礼仪

2. 楼梯引导礼仪（见图5-28）

引导客人上楼时，应让客人走在前面，引导人员走在后面；若是下楼时，应该引导人员走在前面，客人在后面。上下楼梯时，应注意客人的安全。

女士引领男宾，宾客走在前面；男士引领女宾，男士走在前面；男士引领男宾，上楼宾客走前，下楼引导人员走前；若宾客不清楚线路，则引导人员走前。

图5-28 楼梯引导礼仪

3. 电梯引导礼仪

引导客人来到电梯门口时，引导人员先按电梯呼梯按钮，门打开后，当客人不止一人时，引导人员先行进入电梯，一手按［开门］按钮，另一手按住电梯侧门，礼貌地说"请进"。到达目的楼层后，引导人员一手按住［开门］按钮，另一手做出请出的动作，可以说："到了，您先请！"客人走出电梯后，自己立刻走出电梯，并热诚地引导行进的方向。

◎ 一起来扫

行进礼仪

三、电话礼仪

电话礼仪是人们在进行电话交流时所应当遵循的礼貌和仪态，就是行为规范，即标准化做法。

◎ 一起来学

（一）电话形象

电话形象是指人们在通电话的整个过程之中的语音、声调、内容、表情、态度、时间等的集合。它能够真实地体现出个人的素质、待人接物的态度以及通话者所在单位的整体水平。

电话形象包含三要素：时间和空间、通话的态度、使用的规范。

（二）打电话的礼仪

1. 打电话给对方的手机时

（1）拨通对方的手机，有时对方不会自报姓名，这时要确认："请问是××吗？"

（2）有时即便知道对方的手机号码，如果对方没有明示"请打到我手机上"，则尽量打到公司。

（3）当无法确定对方所处的场合时，则要在电话接通时先问："现在说话方便吗？"当对方表示方便时，才可将重要事情传达清楚。

2. 日常使用手机时

（1）在洽谈开会时，关闭手机或调成静音状态，避免打扰会议。

（2）在洽谈或开会时，万一手机响起，要向在场的人道歉，尽快挂断电话。

（3）用自己的手机通话时，要认真整理要点，使通话内容简洁，便于对方了解。

（4）一般要选择比较安静的地方打电话。

3. 商务活动之外使用手机时

（1）开车时应将手机调成免提模式。

（2）在飞机上、加油站内要关闭手机。

（3）在公众场合要顾及周围的人，打电话时声音不可太大。

（4）不要大声与对方交谈有关公司的信息。

（5）在接到对方电话而不方便接听时，应告诉对方："正忙，稍后给您打过去。"

（三）接电话的礼仪

1. 迅速接听

当电话铃声响起，应迅速接听，尽量在铃响三声之内接起电话，接听时语气明快，尽量让对方听清，如："您好，这里是××公司。"若铃声响了很长时间才接，要向对方说明迟接的原因并致歉。

2. 热情问候

当对方打来电话时，除了迅速报出公司名称，还要热情问候，如："早上好！谢谢您的电话，谢谢您一直以来的关照。"

3. 进入正题

如果商务电话较多，谈话所涉及的内容较复杂，则在电话机旁准备好笔和纸，或专门的来电登记本，以便随时登记来电内容，记录时要掌握5W1H技巧，即：何时（When）；何人（Who）；何地（Where）；何事（What）；为什么（Why）；如何进行（How）。

如果对方请你代转电话，应问明白对方是谁，要找什么人，以便与接电话人联系，此时请告知对方"稍等片刻"，并迅速找人。如果不放下话筒，喊距离较远的人，可用手轻捂话筒，然后再呼喊接话人。

如果被找的人不能马上接电话，或被找的人不在（外出），或被找的人无法接听电话，可先礼貌地应对客人，如："他一回来就马上联系您。""他现在正在开会，您能稍等一下吗？"并且注意在整个接听过程中，善于随声附和，如"是""正是这样的"等，告诉对方你正在认真听。无论在什么情况下，都要准确地将事情传达给对方，给对方留下一个认真亲切的印象。

4. 确认要点

根据5W1H技巧做的电话记录，在通话结束前，要对重要信息进行确认，特别是一些关键的名字、数字、地点、时间等要仔细确认。如说"请允许我再确认一遍"，即可复述或确认要点。

5. 最后答谢

通话结束前，拨打一方表示通话内容已结束，应说："十分感谢，那就拜托了。"接听一方应说："不客气，再见。"当听到拨打一方放下电话时，接听一方才可挂断电话。

6. 电话礼仪艺术

（1）电话礼仪的变通，见图5-29。

× 你找谁？	√ 请问您找哪位？
× 有什么事？	√ 请问您有什么事？
× 你是谁？	√ 请问您贵姓？
× 不知道	√ 抱歉，这事我不太了解
× 没这个人	√ 对不起，我再查一下，您还有其他信息可以提示一下吗？
× 你等一下，我接个别的电话	
× 你说什么？	√ 对不起，我有点不了解
× 不对	√ 是这样吗？让我再查查看看

图5-29 电话礼仪的变通

（2）挂电话的顺序。地位高者先挂或者电话中被求的一方先挂电话。

◎ 一起来说

如果对方找的人未在办公室或不在座位，应该用什么方式处理？

◎ 一起来做

接电话技巧

某公司的毛先生是杭州某三星级酒店的商务客人。他每次到杭州，肯定会住这家三星级酒店，并且每次都会提出一些意见和建议。可以说，毛先生是一位既忠实又苛刻挑剔的客人。

某天早晨8:00，再次入住的毛先生打电话到总机，询问同公司的王总住在几号房。总机李小姐接到电话后，请毛先生"稍等"，然后在电脑上进行查询。查到王总住在901房间，而且并未要求电话免打扰服务，便对毛先生说"我帮您转过去"，说完就把电话转到了901房间。此时901房间的王先生因昨晚旅途劳累还在休息，接到电话就抱怨下属毛先生不该这么早吵醒他，并为此很生气。

问题： 总机李小姐的做法是否妥当？

分析提示： 首先，李小姐应考虑到通话的时间，早上8:00是否会影响客人休息。其次，应迅速分析客人询问房间号的动机，此时毛先生的本意并不是立即要与王总通话，而只想知道王总的房间号码，便于事后联络。在不能确定客人动机的前提下，可以先回答客人的问话，同时询问客人意见："王总住在901房间，请问先生需要我马上帮您转过去吗？"必要时还可委婉地提醒客人，现在时间尚早，如果通话是否1小时之后再打更好。这样做既满足了客人的需求，又让客人感受到了服务的主动性、超前性和周到性。

◎ 一起来练

商务接待礼仪

【实训目标】

帮助学生掌握引导礼仪和电话礼仪的基本规范。

【实训内容】

引导礼仪、电话礼仪。

【实训组织】

（1）学生以3~4人为一组，课前自行设计商务场景（要求情节中必须包含引导礼仪和电话礼仪的运用）

（2）现场展示。

【实训考核】

商务礼仪实训考核评分表见表5-9。

表5-9 商务接待礼仪实训考核评分表

考核人	教师	被考核人	全体学生
考核地点	教室		
考核时长	2学时		
考核标准	内容	分值（分）	成绩
	引导礼仪手势正确，仪态大方，顺序无误	15	
	引导过程中配合适当的语言提示	15	
	电话礼仪中语气和声调适宜	15	
	电话礼仪中语言运用得当	15	
	情节设计完整，有新意	25	
	团队成员配合默契，参与态度认真	15	
小组综合得分			

任务四　运用商务活动礼仪

情境导入

甲公司的苏总一行和其他参会人员已经入住了高科公司安排的酒店，准备参加第二天在公司举行的新技术研讨会。作为东道主的高科公司此时正在为接下来的商务活动做最后的彩排和检查。

任务描述

商务活动通常有哪些表现形式？活动中的礼仪又包含哪些？

一、会议服务礼仪

会议是组织实施管理的一种手段。会议服务礼仪是指会议厅、会议室的环境规范和布置规范，摆台规范、设备使用规范，会议期间服务礼仪，会议服务基本礼仪，特殊会议服务礼仪及种类的附属设施服务礼仪。

◎ 一起来学

（一）茶水礼仪

1. 茶叶的准备

可能的话多准备几种茶叶，使客人有多种选择。上茶前，应先问一下客人是喝茶还是喝饮料，如果喝茶习惯用哪一种茶，并提供几种可能的选择。如果只有一种茶叶，应事先说清楚。

2. 茶具的准备

同一场会议应选取杯身花样相同的茶杯，一定要先把茶具洗干净，尤其是久置未用的茶具，难免沾上灰尘、污垢，更要细心地用清水洗刷一遍。在冲茶、倒茶之前最好用开水烫一下茶壶、茶杯。开会前应及时准备好会议所需的开水并在茶杯中放好茶叶，准确掌握开会时间，并能够在开会前几分钟将茶水倒好。

3. 茶杯的摆放

茶杯摆放要做到纵横整齐划一，通常情况下茶杯摆放在客人右手边距会议桌前边沿 5 厘米处，把杯子柄成 45°角朝向右侧。根据会议安排，需要准备矿泉水等其他饮料，将其摆放在与会人员右手旁，果盘放在左手边。

4. 倒茶的方法

泡茶的时候，茶叶不宜过多，也不宜太少。无论是大杯还是小杯，都不宜倒得太满，太满有"茶满逐客"的说法，一般以杯子的七八分满为宜。茶水的温度以 80 ℃为宜。

5. 上茶的顺序

上茶时，通常应遵循先客后主、先主宾后次宾、先女后男、先长辈后晚辈的原则。可以以进入门为起点，按顺时针方向依次上茶；也可按客人先来后到的顺序上茶。

6. 添茶的礼仪

通常来说，一般在会议进行 15~20 分钟时观察会场用水情况，及时添加茶水。不要对着客人添茶，不要挡住客人，不要直接在桌上添茶，这些都是不符合会议服务操作规范的（见图 5-30）。如果是有盖的杯子，则用右手中指和无名指将杯盖夹住，轻轻抬起，大拇指、食指和小拇指将杯子取起，侧对客人，在客人右后侧方，用左手倒茶再摆放在客人右手上方 5~10 厘米处，有柄的则将其转至右侧方便客人取用。在客人喝过几口茶后应立即为其续上，不能让其空杯。

图 5-30 错误的添茶方法

◎ 一起来扫

茶水服务礼仪

◎ 一起来品

传情入茶，自茶悟空。

（二）会议座次礼仪

1. 会场布置形式

（1）礼堂式（剧院式）：面向主席台，依次摆放一排排的座椅，排与排之间留出空隙，确保至少可以让参会者正面走过（见图 5-31）。

（2）教室式（课堂式）：按照教室形式布置会场，根据会场面积大小和参会人数在布置上有一定的灵活性，也可以根据会议人数，采用课堂式+剧院式摆法（见图 5-32）。

图 5-31 礼堂式会场　　　　图 5-32 教室式会场

（3）方形中空式（口字形）：会议桌围起来摆成方形中空，不留缺口，椅子摆在桌子外

围（见图5-33）。这种会场布置形式适合中等人数的会议，也是研讨会或座谈会较常用的会场布置形式，便于交流。

（4）马蹄形或U形：将会议桌连接摆成长方形，空出一条短边不摆桌子（留空），椅子摆在桌子外围（见图5-34）。这种会场布置形式适合中等人数会议，也便于交流。

图5-33 方形中空式会场　　　　图5-34 马蹄形式会场

2. 会议座次

按照国际惯例，会议座次原则是：以右为上、以远为上、面门为上、居中为上、前排为上。在我国，按照党政机关普适性，会议以左为尊，而国际性的事务以右为尊。

（1）国内党政机关会议：

①当主席台人数为奇数时，1号领导居中，2号领导在1号领导左手位置，3号领导在1号领导右手位置，依次排放［见图5-35（a）］。

②当主席台人数为偶数时，1、2号领导同时居中，2号领导在1号领导左手位置，3号领导在1号领导右手位置，依次排放［见图5-35（b）］。

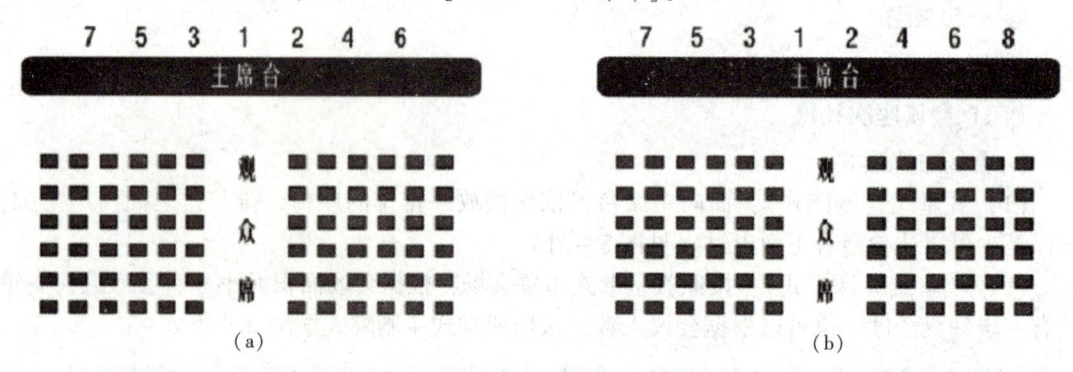

图5-35 党政机关会议会场座次

（2）其他情况：

①当会议桌与门平行时，根据面门为上的规则，这时坐在会议桌前，面对门的一方为客方，背对门的则是主方。确定了主客双方方位后，每一方的座次采用居中为上和以右为上的规则，来确定座次。我们用阿拉伯数字的先后顺序来表示座次的尊卑顺序［如图5-36（a）］。

②当会议桌与门垂直时，由于面门的一边很短，无法同时坐下几个人，这时应根据以右为上的规则，进门的右边为客方，进门的左边则是主方。确定了主客方方位后，每一方的座次采用居中为上和以右为上的规则，来确定座次［见图5-36（b）］。

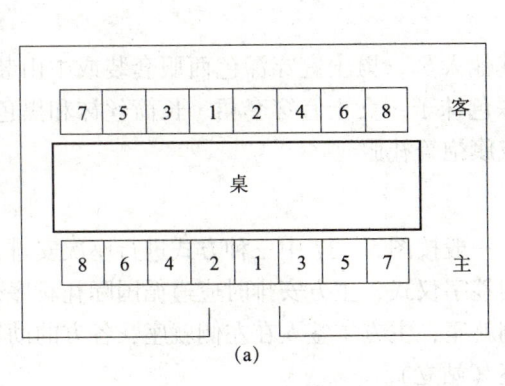

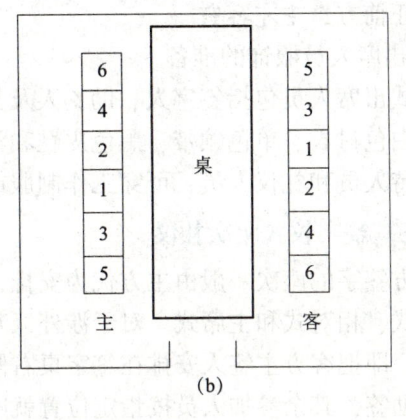

图 5－36　一般会议会场座次

◎ 一起来品

人无礼不生，事无礼不成，国家无礼不宁。

◎ 一起来扫

会议座次礼仪

二、签字仪式礼仪

◎ 一起来学

(一) 签字仪式准备礼仪

1. 文本的准备

合同文本的准备按惯例要由主方负责。为了避免纠纷，主方要会同对方一起指定专人共同负责做好文本的定稿、翻译、校对、印刷、装订、盖章等工作，并为常规合同文本上正式签字的有关各方，均提供一份待签的合同文本，必要时还可再向各方提供一份副本。

2. 签字厅的准备

签字厅要求庄重、整洁、清静，室内应铺地毯。正规的签字桌应为长桌，其上最好铺设深绿色的台布。签字桌应横放于室内，在其后可摆放适量的座椅，供签字人就座。如：签署双边性合同时，可放置两张座椅；签署多边性合同时，可以仅放置一张座椅，供各方签字人签字时轮流就座，也可以为每位签字人提供座椅。签字人就座时，一般应面对房间正门而坐。

3. 其他物品的准备

在签字桌上，循例应事先安放好待签的合同文本以及签字笔、吸墨器等签字时所用的文具。签署涉外商务合同时，需在签字桌上摆放有关各方国旗。摆放国旗时，其位置与顺序必须按照礼宾序列。例如：签署双边性涉外商务合同时，有关各方的国旗需摆放在该方签字人座椅的正前方，主左客右。

4. 出席人员服饰的准备

仪式出席人员包括签字人、助签人及其他人员。男士宜穿深色西服套装或中山装套装，同时配白色衬衣、单色领带、黑色皮鞋和深色袜子；女士宜穿套裙、长筒丝袜和黑色皮鞋；服务接待人员和礼仪人员，可穿工作制服或旗袍等礼服。

（二）签字仪式座次礼仪

双方签字的座次一般由主方代为安排，一般按图 5-37 中三种方式进行座次安排，分别是并列式、相对式和主席式。对于涉外谈判签字仪式，主方安排时应遵循国际礼宾序列，以右为尊，即把客方主签人安排在签字桌右侧就座，主方主签人在左侧就座，各方的助签人在其外侧助签，其余参加人员按指定位置就座（站立）。

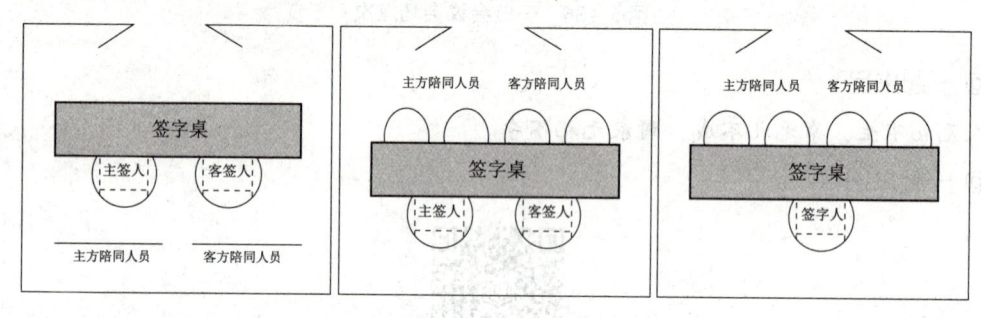

图 5-37 签字仪式座次

（三）签字仪式程序礼仪

签字仪式的程序包含以下四步：

1. 仪式开始

出席签字仪式的双方人员数量和级别基本相当，签字人是签字仪式的主角，一般为公司或企业的最高领导。

涉外签字仪式中，如果我国公司作为主方，应将客方公司的签字方迎入签字仪式现场，按既定的座次各就各位。双方签字人同时入座，助签人在其外侧负责将椅子拉出，打开合同文本并把笔递给签字人，向签字人指明具体的签字位置。

2. 正式签署

各方签字人再次确认合同内容，若无异议，则在规定的位置上签字，之后由各方助签人相互交换合同文本，再在第二份合同上签字。按惯例，各方签字人先签的是己方保存的合同文本，交换后再签的是对方保存的合同文本。

3. 交换合同文本

各方主签人起身离座至桌子中间，正式交换各自签好的合同文本，而且交换文本时要用右手。一般来说，用左手传递东西是不礼貌的、不文雅的。同时，双方握手或拥抱，互致祝贺，或者以交换刚刚签字用过的笔作为纪念，其他成员则鼓掌祝贺。

4. 饮香槟庆祝

交换合同文本后，全体成员可合影留念，服务接待人员及时送上斟好的香槟酒。各方签字人和成员相互碰杯祝贺，当场干杯，将喜庆洋洋的签约气氛推向高潮。

三、剪彩仪式礼仪

◎ 一起来学

剪彩仪式是指有关单位，为了庆祝单位的成立、周年纪念日、开工、宾馆的落成、商场开业、大型建筑物的启用、展览会的开幕等而举行的一项隆重的礼仪性程序。

剪彩的由来有两种说法。

◎ 一起来听

故事一：剪彩来源于西欧

在古代，西欧造船业比较发达，新船下水往往吸引成千上万的观众。为了防止人群拥向新船而发生意外事故，主持人会在新船下水前，在离船体较远的地方，用绳索设置一道"防线"。等新船下水典礼就绪后，主持人就剪断绳索让观众参观。后来绳索改为彩带，人们就给它起了"剪彩"的名称。

故事二：剪彩来源于美国

1912 年，美国一个小镇上一家商店即将开业，店主为了阻止闻讯之后蜂拥而至的顾客在正式营业前闯入店内，将用以优惠顾客的特价商品抢购一空，而使守时而来的人们得不到公平的待遇，便随便找来一条布带拴在门框上。事也凑巧，这时店主的小女儿牵着一条小狗突然从店里跑出来，将拴在门上的布带碰落在地上。店外不明真相的人们误以为这是该店为了开张搞的新把戏，于是立即一拥而入，大肆抢购。让店主转怒为喜的是，这家小店在开业之日的生意居然红火得令人难以想象。最后他认定，自己的好运气全是那条小狗碰掉的布带子带来的。此后，在他旗下的几家连锁店陆续开业时，他便将错就错地如法炮制。

（一）剪彩的准备

1. 确定剪彩人员

在剪彩仪式中，参加剪彩的人除主持人之外，还要选定剪彩者和礼仪小姐。

（1）剪彩者的选定。剪彩者是剪彩仪式上最重要的人物，要根据剪彩仪式的档次慎重选择好剪彩者。通常情况下可以从单位负责人、社会名流、合作伙伴、员工代表中选定。剪彩者可以是一个人，也可以是几个人。剪彩者名单一经确定，应尽早告诉对方，并征得对方的同意。为了表示对剪彩者的尊重，在多人担任剪彩者时，还应分别告知同他一起剪彩的人员的姓名和职务。

◎ 一起来做

剪彩利落才能讨到好彩头

某企业为了使剪彩仪式隆重热烈，特意邀请了一位 78 岁高龄的著名人士参加，仪式当天当主持人宣布"剪彩"开始之后，老人手拿剪刀，却怎么也剪不断红彩带。其他四位剪彩者已剪断彩带，把剪刀放回托盘了，这位老人还未剪断，情急之下，主持人过去才帮着老人剪断彩带。

问题：本案例中剪彩者的选择对你有什么启发，选择剪彩者应注意什么？

分析提示：剪彩动作不利落，也会无形中影响剪彩仪式的喜庆氛围。剪彩是一种蕴含美好寓意的仪式，选择剪彩者应选择动作利索的中青年人，特别是这种配合性、协调性要求高的活动要认真选择合作者。

（2）礼仪小姐的选定。一般礼仪小姐多由企业的女职员担任或从专业礼仪公司聘用。礼仪小姐可分为迎宾者、引导者、服务者、拉彩者、捧花者、托盘者。迎宾者主要在现场迎送客人；引导者在进行剪彩时负责带领剪彩者登台和退场；服务者主要为来宾特别是剪彩者提供饮料，安排休息之处；拉彩者为剪彩者展开、拉直红色缎带；捧花者在剪彩时手托花团，一般应一花安排一人；托盘者的任务是为剪彩者提供剪刀、手套等剪彩用品。

礼仪小姐一般要求文雅、大方、庄重，穿着打扮尽量整齐统一，化淡妆，盘起头发，统一穿红色旗袍或红色西式套装。

2. 准备剪彩用品

剪彩仪式上需要准备的用品包括新剪刀、白色薄纱手套、托盘、红色缎带以及红色地毯等。

（1）新剪刀。剪刀是供剪彩者剪彩时专用的，必须剪彩者每人一把，而且是崭新的、锋利的。剪彩仪式结束后，主办方可将每位剪彩者所使用的剪刀经包装后送给剪彩者以作纪念。

（2）白色薄纱手套。它是供剪彩者剪彩时戴的，以示庄重，要求剪彩者每人一副，大小要合适，并且保证洁白无瑕。

（3）托盘。它是供盛放剪刀、手套用的，最好是崭新的、洁净的，通常用银色不锈钢盘。为了显示隆重喜庆的气氛，还可以在使用时铺上红色绸布或绒布。在剪彩时，礼仪小姐可以用一只托盘依次向各位剪彩者提供剪刀和手套，也可以由多位礼仪小姐每人托一托盘，为每位剪彩者同时提供剪刀和手套。

（4）红色缎带。剪彩仪式中按照传统做法，它应由一整匹未使用过的红色缎带在中间扎上几朵大而醒目的红花团构成。花团的具体数目要与剪彩的人数匹配。要求花团数比剪彩者多一个，使每位剪彩者总是位于两个花团之间，显得场面祥和喜庆。现实中，也可用一条红色布带代替。

（5）红色地毯。它主要铺设在剪彩者正式剪彩时的站立之处，其长度可视剪彩人数多少和剪彩场地的大小而定，宽度一般为中间站立一排人，前后行人都能在红地毯上走开为宜。铺设红地毯主要是为了营造一种喜庆的气氛。

（二）剪彩的程序

作为单独而完整的剪彩仪式，一般包括以下几项基本程序：

1. 来宾就座

在剪彩仪式上，一般只为剪彩者、来宾和本单位的负责人安排坐席。在剪彩仪式开始时，就应该请大家在已安排好顺序的座位上就座。

2. 宣布仪式开始

主持人宣布仪式开始后，现场可演奏或放音乐，到场者可热烈鼓掌，接着主持人应向全体到场者介绍到场的主要嘉宾，并对他们表示谢意。

3. 奏唱国歌

此时全体人员应立即起立，一起唱国歌。

4. 宾主发言

发言者的顺序依次为东道主代表、主管部门代表、地方政府代表、合作单位代表等。发言的内容应言简意赅，主要为道谢与祝贺等，发言时间每人不宜超过3分钟。

5. 进行剪彩

主持人宣布剪彩开始，礼仪小姐先登场，拉彩者将红色缎带拉直，托盘者站在拉彩者身后一米左右。随后，引导者在剪彩者左前方进行引导，当剪彩者到达既定位置后，托盘者应前行一步至剪彩者右后侧，为剪彩者呈上手套和剪刀。最后，剪彩者一起剪彩。此时，全体人员热烈鼓掌。

6. 陪同参观

剪彩后，主人应陪同嘉宾参观被剪彩的工程或展览展销。

（三）剪彩者的礼仪要求

1. 仪容仪表整洁

剪彩者的着装要正规庄重，一般着西装或职业制服，头发要梳理好，给人的感觉应是精神焕发，精干而有修养的。

2. 举止文雅大方

剪彩过程中，剪彩者要保持一种稳重的姿态，做到快而不慌，忙而不乱。当主持人宣布剪彩开始时，剪彩者要在引导者的引导下，面带微笑，步履稳健地走上主席台，站到既定位置。当托盘者用托盘呈上手套和剪刀时，要用微笑表示谢意，剪彩时要精力集中，一刀剪断。如果几位剪彩者共同剪彩时，应力争同时剪断彩带。剪刀放回托盘后，应转身向四周的人们鼓掌致意，并与主持人和其他剪彩者一一握手以示祝贺。

3. 言谈从容适度

剪彩仪式前，剪彩者可与主人或其他剪彩者进行礼节性的交谈，谈笑自然轻松。当主持人宣布剪彩仪式开始后，剪彩者应立即中断与其他人的交谈，全神贯注地听主持人讲话。剪彩完毕后可以和其他剪彩者进行欣赏性的交谈，或向主持人表示祝贺，但时间不宜过长。

四、宴请活动礼仪

◎ 一起来学

（一）宴请的座次礼仪

在著名的"鸿门宴"中，司马迁在《史记》中记载："项王、项伯东向坐；亚父南向坐——亚父者，范增也；沛公北向坐；张良西向侍。"现在我们来看看鸿门宴中的座位次序：项羽项伯朝东而坐，最尊；范增朝南而坐，仅次于项氏的位置；项羽让刘邦北向坐，位卑于范增，不把他看成与自己地位匹敌的宾客；张良面朝西的位置是在场人中地位最低的了，不能叫坐而叫侍。司马迁之所以不惜笔墨一一写出每个人的座次，就是要通过对座次的安排揭示背后的密码。项羽专横、唯我独尊，谋士范增在项羽心中的地位远不及告密的项伯，群臣隔阂已初见端倪，刘邦忍辱屈从顾全大局，与项羽力量悬殊，其处境已令人忧心。所以我们说司马迁对鸿门宴中座次的描述绝非寻常之笔。"一念决生死，一宴定天下"。座次密码大有文章。

◎ 一起来扫

"鸿门宴"座次密码

1. 中餐座次

座次排序基本规则：

（1）以右为上（遵循国际惯例）（注：国内政务场合是以左为上，但一般商务场合以右为上，按当事人自己的左边和右边来确定左右）；

（2）居中为上（中央高于两侧）；

（3）前排为上（适用所有场合）；

（4）以远为上（远离房门为上）；

（5）面门为上（良好视野为上）。

图5-38中，用阿里伯数字来表述桌次的尊卑，数字越小表示越尊贵。

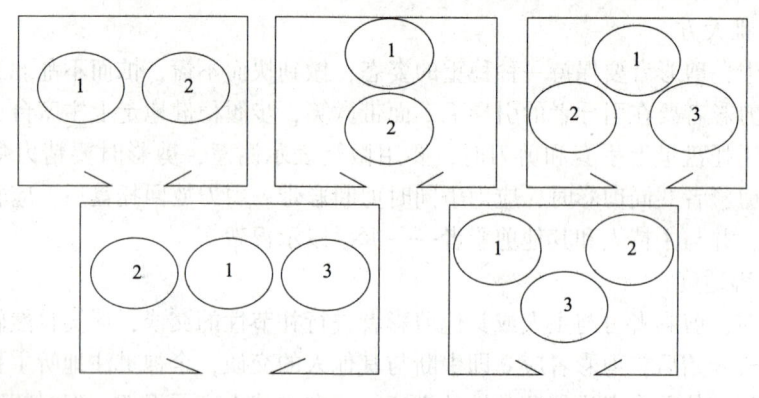

图5-38 中餐宴请桌次排序

◎ 一起来做

请按桌次的尊卑排列原则，对图5-39中房间内的5个桌子进行尊卑排列，用1～5阿拉伯数字表示，数字越小表示越尊贵。

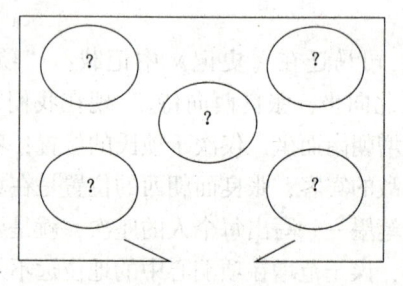

图5-39 桌次排序

在中餐宴请里每一桌还要讲究座次礼仪，有以下三种情形：

（1）单主人宴请。按面门为尊和以远为尊的原则确定主人的位置，然后以主人为中心，其余主客双方人员各自按"以右为上"原则依次按"之"字形飞线排列，同时要做到主客相间（见图5-40）。

（2）男女双主人共同宴请。按主副相对、以远为尊的原则确定男女主人的位置，然后按以右为上的原则依次对角飞线排列，同时要做到主客相间（见图5-41）。

（3）同性别双主人共同宴请。按主副相对、以远为尊的原则确定双主人的位置，然后按以右为上的原则依次按顺时针排列，同时要做到主客相间（见图5-42）。

图 5-40　中餐单主人宴请座次排序

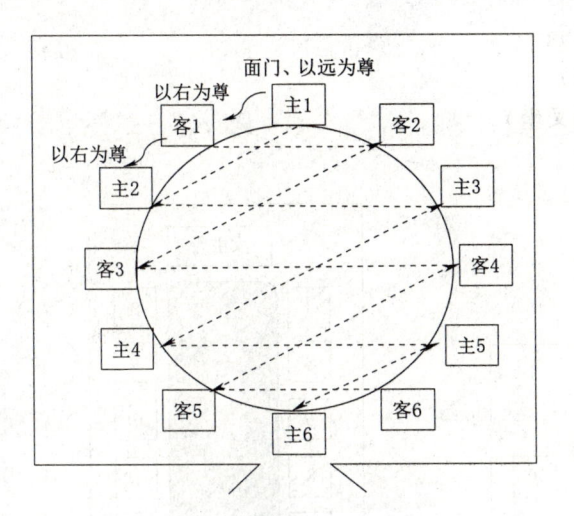

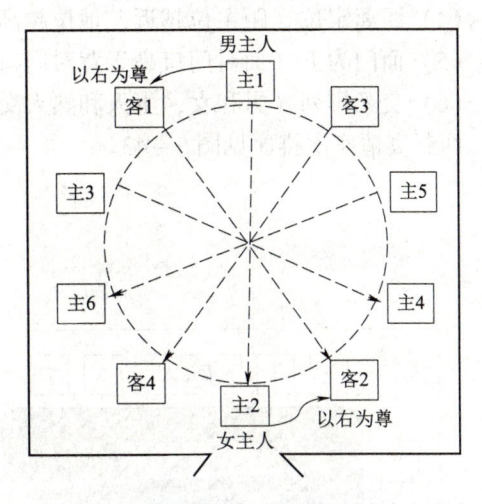

图 5-41　中餐男女双主人共同宴请座次排序

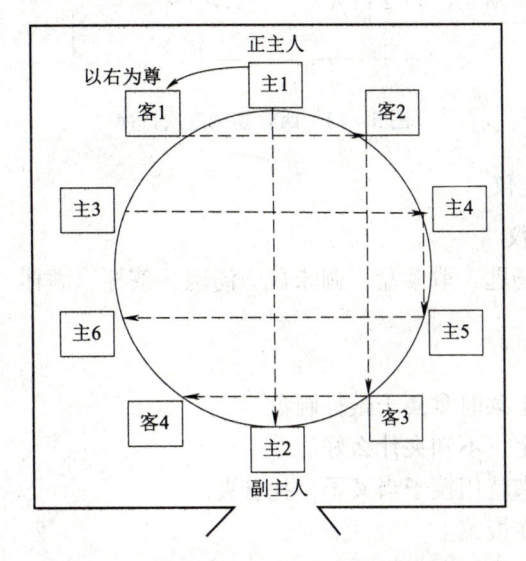

图 5-42　中餐同性别双主人共同宴请座次排序

◎ 一起来扫

中餐座次礼仪

2. 西餐座次

西餐座次遵循的原则是：

（1）女士优先（女主人主位，男主人第二主位）；

（2）恭敬主宾（男女主宾分别靠女男主人）；

（3）以右为尊（男主宾坐于女主人右侧，女主宾坐于男主人右侧）；

(4) 距离定位（距主位越近，地位越高）；
(5) 面门为上（面对门口高于背对门口）；
(6) 交叉排列（男和女，生人和熟人交叉坐）。
西餐宴请座次排序见图5-43。

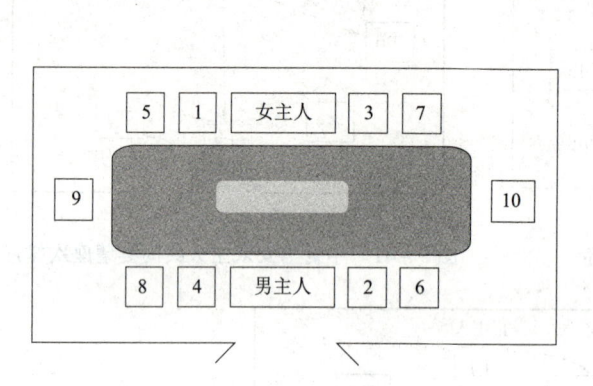

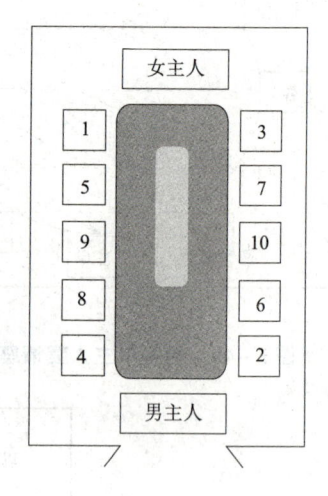

图5-43 西餐宴请座次排序

(二) 宴请的餐具礼仪

1. 中餐餐具用法礼仪

中餐餐具有筷子、汤匙、取菜盘、调味盘、汤碗、茶杯、酒杯、放置骨头的盘子及餐巾（湿巾）。

（1）筷子：

忌敲筷：不宜在等上菜时拿筷子敲打碗盘。

忌疑筷：忌举筷不定，不知夹什么好。

忌刺筷：忌夹不起来就用筷子当叉子，扎着夹。

忌供筷：忌筷子插在饭菜上。

忌连筷：一道菜不宜连续夹三次以上。

忌斜筷：吃菜要注意吃自己面前的菜，不要斜着伸筷够菜。

忌分筷：不要分放在餐具左右，只有在吃绝交饭时才这样摆。

忌横筷：不宜把筷子横放在碗上，这是送客的意思，应放在碗右边。

（2）湿巾：用餐前，比较讲究的话，会为每位用餐者上一块湿毛巾。它只能用来擦手。擦手后，应该放回盘子里，由服务员拿走。在正式宴会结束前，会再上一块湿毛巾。它只能用来擦嘴，不能擦脸、抹汗。

（3）水杯：主要用来盛放清水、汽水、果汁、可乐等软饮料。不要用它来盛酒，也不要倒扣水杯。

（4）牙签：不要当众剔牙，不可叼着牙签。

2. 西餐餐具用法礼仪

西餐餐具有刀、叉、匙、盘、杯、餐巾等，左叉右刀地摆放在主菜盘旁边（见图5-44）。

项目五　公共关系日常礼仪

盐/胡椒： 两者通常同时传递，即使他人可能只需用到其中一种，不要在给食物调味之前试着品尝它们的味道

高脚杯（玻璃杯）： 玻璃杯一共是4种，酒应该从杯子的右侧倒入，千万不要溢出来

水杯　　红葡萄酒杯

席次牌： 主人一经排定就不会再更改座位布局

甜点勺和甜点用叉： 如果甜点同时配备了叉和勺，则用叉固定甜点，用勺舀着吃

白葡萄酒杯　　香槟酒杯

面包碟和黄油刀： 将面包撕成一口大小放在面包碟中，再用黄油刀挨个抹上黄油，然后吃掉面包

银器： 使用的正确顺序是由外而内，餐具一旦开始使用，就不应该再放回到桌子上

餐巾摆放： 入座后，等主人先拿起餐巾，然后客人再跟着行动，把它平铺在自己的腿上

沙拉用叉　鱼用叉　肉用叉

餐具： 银器的数量表明了将会有几道餐点。正式的西餐晚宴有7道餐点，按顺序分别是汤、鱼、沙冰（或爽口饮料）、红肉或禽类主食、沙拉、甜点和咖啡

切肉刀　切鱼刀　沙拉刀　汤匙

图 5－44　西餐餐具及摆放

（1）吃面包：用手拿着吃，用黄油刀粘黄油。

（2）吃肉类：吃的时候用刀、叉把肉切成一小块，大小刚好是一口，吃一块，切一块。

（3）喝汤：不能用汤碗端起吸着喝，要用汤匙舀起喝。

（4）吃水果：应先用水果刀切成四瓣再用刀去掉皮、核，用叉子叉着吃。

（5）喝咖啡：如果要添加牛奶或糖，添加后要用小勺搅拌均匀，将小勺放在咖啡的垫碟上。喝时应右手拿杯把，直接凑嘴喝，不要用小勺一勺一勺地舀着喝。

（6）吃面条、意粉：要用叉子卷起来吃。

（7）刀叉使用：基本原则是右手持刀或汤匙，左手拿叉。若有两把以上，应由最外向内取用。西餐刀叉摆放的含义见图 5－45。

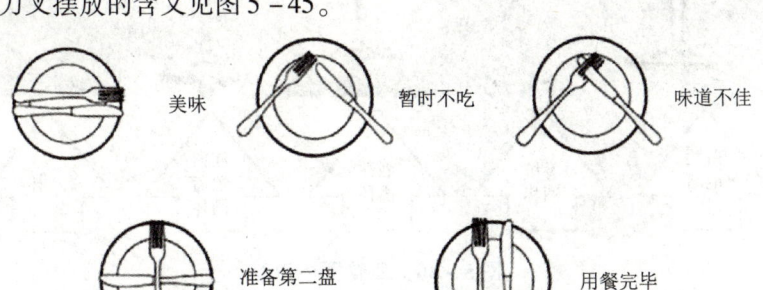

美味　　暂时不吃　　味道不佳

准备第二盘　　用餐完毕

图 5－45　西餐刀叉摆放的含义

(8）吃到一半暂时离开时，将餐巾放到自己的座位上，把刀叉以"八"字形状摆在盘子中央。

(9）吃完主菜，把刀和叉一起斜放在主菜盘上，或交叉放在一起，向服务员示意可以把主菜餐盘拿走。

（三）饮酒礼仪

◎ 一起来听

为什么要碰杯？

故事一：古罗马人说

古代的罗马崇尚武功，常常开展"角力竞技"。竞技前选手们习惯于饮酒，以示相互勉励之意。由于酒是事先准备的，为了防止心术不正的人在给对方喝的酒中放毒药，人们想出一种防范的方法，即在角力前，双方各将自己的酒向对方的酒杯中倾注一些。以后，这样碰杯便逐渐发展成为一种礼仪。

故事二：古希腊人说

传说古希腊人注意到这样一个事实，在举杯饮酒之时，人的五官都可以分享到酒的乐趣：鼻子能嗅到酒的香味，眼睛能看到酒的颜色，舌头能够辨别酒味，而只有耳朵被排除在这一享受之外。希腊人想出一个办法，在喝酒之前，互相碰一下杯子，杯子发出的清脆响声传到耳朵中，这样，耳朵就和其他器官一样，也能享受到喝酒的乐趣了。

1. 中餐饮酒礼仪

（1）酒杯：中餐的酒杯是小玻璃杯或陶瓷杯。

（2）倒酒：酒满敬人，茶满欺人。被倒酒人要用手扶杯或叩指礼致谢。

（3）敬酒：敬酒但不劝酒。碰杯时自己的杯口一定要低于别人的杯口以示谦恭。

（4）代饮：既不失风度，又不使宾主扫兴的躲避敬酒的方式。不会饮酒，或饮酒太多，但是主人或客人又非得敬上，这时可请人代饮。

2. 西餐饮酒礼仪

西餐酒杯类型见图 5-46。

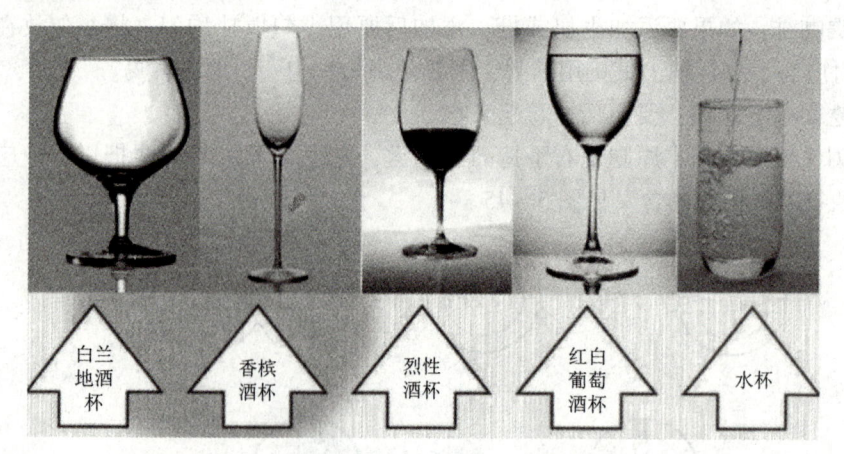

图 5-46 西餐酒杯类型
（白兰地酒杯　香槟酒杯　烈性酒杯　红白葡萄酒杯　水杯）

（1）倒酒：由侍者倒酒，先女后男。倒酒不可倒满，只能倒三分之一，最多不应超过二分之一，香槟可倒至三分之二。倒酒时用手扶酒杯以示致谢。

（2）敬酒：由女主人敬各位，碰杯或轻敲桌面。碰杯时要注意自己的酒杯比对方酒杯低。

（3）喝酒前一定要将嘴上的油迹及口红擦去。

（4）西餐喝酒只喝一小口，切忌一口喝尽。喝酒不要过量，在西餐宴会上喝醉酒是一种非常失礼的行为。

◎ 一起来品

众欢同乐，切忌私语；瞄准宾主，把握大局；
敬酒有序，主次分明；锋芒渐射，稳坐泰山。

◎ 一起来练

剪彩仪式礼仪

【实训目标】

帮助学生掌握剪彩策划的基本技能。

【实训内容】

小妮所在的高科公司创办了一个电商培训基地，张总想借公司新闻发布会的契机，增加一个为该培训基地进行剪彩的环节，以此造势。

请你帮助小妮草拟一份剪彩仪式的策划书，详细说明剪彩的注意事项和剪彩程序及礼仪要求。

【实训组织】

（1）学生以 3~4 人为一组，共同撰写一份高科公司电商培训基地的剪彩策划书。

（2）学生进行路演。

（3）教师根据学生策划书的完成情况，选择有创意的三份进行交流，并对学生交流的策划书进行点评。

【实训考核】

剪彩仪式礼仪实训考核评分表见表 5-10。

表 5-10 剪彩仪式礼仪实训考核评分表

考核人	教师		被考核人	全体学生
考核地点	教室			
考核时长	2 学时			
考核标准	内容	分值（分）		成绩
	剪彩仪式策划书内容无误	15		
	策划书有新意	20		
	PPT 制作精美	15		
	路演声音洪亮、仪态大方、富有感染力	25		
	回答提问到位、思路清晰	15		
	团队成员配合默契，参与态度认真	10		
小组综合得分				

项目小结

- 掌握职场仪容礼仪；男士、女士职场着装的选择、穿搭和禁忌；基本站姿、坐姿、蹲姿、行姿的仪态礼仪，不同手势在不同国家的含义。
- 掌握商务见面礼仪，并能够熟练应用。称呼的类型；握手的次序、正确动作、语言提示；自我介绍的时机、内容和第三人介绍的次序、动作以及语言提示；递名片的次序、动作、语言提示以及递接名片的正确动作。
- 掌握商务接待礼仪，并能够熟练应用。乘车的座次安排；引导的动作、先后次序和语言提示；接打电话的礼仪。
- 掌握商务活动礼仪，并能够熟练应用。在商务活动中经常会用到茶水服务、会议座次安排、签字仪式的准备和现场礼仪、剪彩仪式的策划和现场礼仪、宴请的接待礼仪和赴宴礼仪。

点石成金

没有良好的礼仪，其余的一切成就都会被人看成骄傲、自负、无用和愚蠢。

从仪态了解人的内心世界、把握人的本来面目，往往具有相当的准确性和可靠性。

子曰："恭而无礼则劳，慎而无礼则葸，勇而无礼则乱，直而无礼则绞。"

课堂讨论

1. 希望获得对方的名片有哪几种索取方法？
2. 会议座次安排的原则是什么？
3. 剪彩仪式的程序是什么？
4. 男士着装的"三个三"分别是什么？

项目六　公共关系专题活动

项目导学

公共关系专题活动是社会组织与广大公众进行沟通、塑造自身良好形象的有效途径。它对于改善组织的公共关系状态有着极为重要的意义，能使组织集中地、有重点地树立和完善自身形象，扩大自己的社会影响。公共关系专题活动是一种目的明确、对象确定、影响面大的公共关系过程，因此，国内外许多组织经常采用公共关系专题活动的形式来扩大影响，提高声誉。

学习目标

职业知识：了解公共关系专题活动的类型及专题活动的举办对企业的积极意义，掌握新闻发布会、庆典活动、赞助活动和展览会的基本操作流程和注意事项。

职业能力：培养学生小型新闻发布会的策划能力、庆典活动方案的撰写能力、质量较高的赞助计划书的编写能力、展会的组织能力。

职业素质：一场公共关系专题活动，融公关方案策划、公关公文写作、公关礼仪展示为一体，是一个综合性要求较高，集合团队整体智慧的项目。公共关系专题活动的执行在很大程度上培养了学生在各个角色中的协作能力和创新能力。

思维导图

公关关系专题活动
- 公关专题活动类型
  - 类型 → 宣传型、交际型、服务型、社会型、征询型
  - 活动策划的注意事项
- 新闻发布会
  - 会前 → 确定主题、时间地点、邀请对象、主持人和发言人、资料、现场服务人员、经费预算
  - 会中 → 新闻发布会6个程序
  - 会后
- 庆典活动
  - 类型
  - 方案 → 整体思路、运作策划、执行策划、经费方案、效果预期、应急预案
- 赞助活动
  - 主办方寻找赞助的程序
  - 企业主动争取赞助的程序 → 可行性研究、制订赞助计划、具体实施、总结评估
- 展览会
  - 组展商业务流程
  - 参展商业务流程 → 展前准备、展会接待、展后跟进

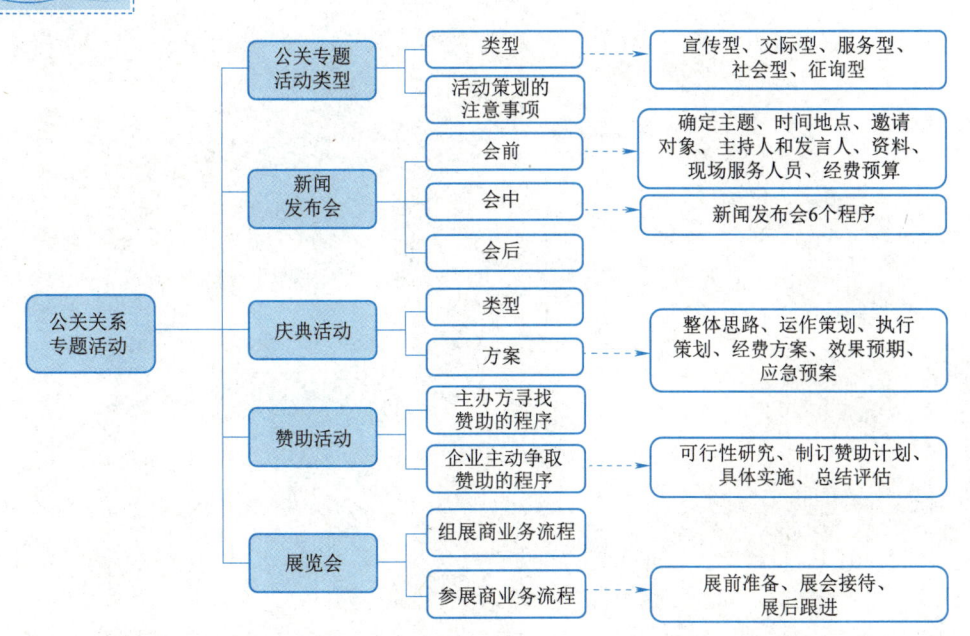

公共关系与商务礼仪

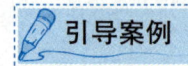

> 引导案例

西铁城"大声说爱你"主题活动

在"5·20"即将来临之际,全球知名腕表品牌西铁城携手京东共同发起了一场主题为"大声说爱你"的线上线下整合营销活动。

2018年5月12日至5月13日,"西铁城大声说爱你"线下活动在北京通州万达广场引爆人气,作为这次西铁城520整合营销活动的线下公关落地部分,主办方西铁城为现场参与者带去了一场充满创意互动的趣味体验,与大家一起勇敢说爱,拥抱浪漫爱情。在线上渠道,品牌立足于"大声说爱你"这一核心主题,整合线上新浪微博红人大号资源,联动意见领袖们的粉丝效应推广"情话王大挑战"创意H5,让用户们通过对不同风格的经典电影情话台词自由发挥,录制花式情话勇敢表白。

如果说,西铁城线上的520营销活动是在精神层面鼓励大家勇敢表达爱意,那么线下的"西铁城大声说爱你"主题活动便是一次强有力的落地说爱行动了。它将情感与产品紧密联系在一起,为广大消费者提供一个勇敢表白的平台。现场不仅能体验大声表白的畅爽,甚至直接现场表白,还能获得包括西铁城腕表在内的不同等级的福利礼品。一场线下活动,直接拉动消费者勇敢说爱、表达爱意,为整个520"大声说爱你"整合营销活动提供了落地支撑。西铁城这次整合营销更深层次、多方面地拓宽了市场的可能性,挖掘了更多潜在客户对品牌的关注。西铁城把勇敢和礼物都集中在一起,为爱加持勇气,陪伴爱情继续前行,基于对人性的多维度洞察,吸引消费者对西铁城品牌的关注与好感,用互动整合营销加深广大用户对西铁城品牌的印象。

(资料来源:中国公关网)

任务一　了解公关专题活动类型

情境导入

在高科公司公关部的大胆策划下，在全体员工的积极配合下，经过一个月的精心准备，公司的公共关系专题活动即将拉开帷幕，这也是高科公司的高光时刻，他们能否举办一场成功的公共关系活动呢？请大家拭目以待。

任务描述

公共关系专题活动有哪些类型？

公共关系专题活动是指组织为了达到特定的目的，以公共关系为主题，集中人力、物力、财力，有计划、有步骤地开展专门性活动。它作为服务于组织整体公关目标的各项专题活动的总称，是公关实务工作的重要内容之一。

一、公共关系专题活动的类型

◎ 一起来学

（一）宣传型公共关系活动

（1）含义：利用各种宣传途径和方式向外宣传自己，提高本组织的知名度，从而形成有利的社会舆论。宣传型公关活动模式是运用大众传播媒介和内部沟通方法，开展宣传工作，树立良好组织形象的公关活动模式。

（2）特点：主导性强、时效性强、传播面广、推广组织形象效果好。

（3）具体形式：新闻发布会、庆典活动、展览会、制作组织视听资料、出版公关刊物、演讲活动、广告传播等。

（二）交际型公共关系活动

（1）含义：通过公共关系人员与目标公众之间的直接接触和感情上的联络，建立组织广泛可靠的社会关系网络，联络各类重要的目标公众，加深本组织关键性公众及重要公众对组织的了解与感情，以加大日后进行业务与公共关系活动时的成功概率。

（2）特点：直接，灵活，富有人情味，一旦与公众建立了真正的感情联系，往往相当牢固，甚至能超越时空限制。

（3）具体形式：对外开放、联谊会、座谈会、慰问活动、茶话会、沙龙活动、工作午餐会、拜访、节日祝贺、信件来往等。

◎ 一起来做

有这样一个真实的小故事。一个人乘坐北方航空公司的飞机去长沙出差，飞机降落之后，他提着随身带的一捆资料，走到了机舱门口。空中小姐在向他微笑道别的同时，递给了他两块小方布，说："先生，请用小方布裹着绳子，不要勒坏了您的手。"人非草木，孰能无情？这位先生备受感动，从此每次出差或带家人出门，总是首选北航。一句话两块小方布，换来了一生的光顾，真是划算。我不知道这算不算是一种情感营销，只是觉得这种营销是那样的润物细无声，所激发的力量大得可怕。

问题：这个真实的故事说明了什么？

分析提示：交际型公关是一种有效的公关方式，使沟通进入情感阶段，具有直接性、灵活性和较多的感情色彩，被称为情感营销。真正的情感营销是一种人文关怀，一种心灵的感动，绝不是眼睛紧紧地盯着人家手里的钱，说些寒暄的套话。在这越发冷淡的科技时代，情感变成了一种稀有资源，谁借用了这种资源谁就能引爆营销的革命，实现大丰收！

◎ 一起来品

情感营销是战胜竞争对手的强有力的武器。

(三) 服务型公共关系活动

(1) 含义：是企业组织向社会公众提供的各种附加服务和优质服务的公共关系活动，其目的在于以实际行动使目标公众得到实惠。

(2) 特点：依靠本身实际行动做好工作，服务是核心，而不是依靠宣传。

(3) 具体形式：产品的售后服务、政府机构便民服务等。

◎ 一起来做

海尔售后服务公关

海尔1994年的无搬动服务、1995年的三免服务、1996年的先设计后安装服务、1997年的"五个一"服务、1998年的星级服务一条龙，核心内容是从产品的设计、制造到购买，从上门设计到上门安装，从产品使用到回访服务，不断满足用户新的要求，并通过具体措施使开发、制造、售前、售中、售后、回访6个环节的服务制度化、规范化；1999年海尔专业服务网络通过ISO 9000国际质量体系认证；2000年星级服务进驻社区；2001年海尔空调实现了无尘安装；2003年海尔推出了全程管家365。海尔的服务已经历了十次升级，每次升级和创新都走在了同行业的前列。

问题：海尔的服务公关说明了什么？

分析提示：中国有句古话"好事不出门，丑事传千里"，海尔正是凭借服务把个别产品存在问题的"丑事"转化为服务第一的"好事"，从而成为中国市场家电第一品牌。

(四) 社会型公共关系活动

(1) 含义：以组织的名义发起或参与社会性的活动，在公益、慈善、文化、体育、教育等社会活动中充当主角或热心参与者，在支持社会事业的同时，扩大组织的整体影响。

(2) 特点：具有公益性、文化性特征，影响面大，不拘泥于眼前效益，重点在于树立组织形象、追求长远利益。

(3) 具体形式：赞助社会公益事业、赞助大众传媒举办各种活动。

(五) 征询型公共关系活动

(1) 含义：以采集社会信息为主，掌握社会发展趋势，其目的是通过信息采集、舆论调查、民意测验等工作，加强双向沟通，使组织了解社会舆论、民意民情和消费趋势。

（2）特点：具有省时快速、简便易行的特点。

（3）具体形式：采集信息、舆论调查、民意测验、征集活动、产品调查、访问重要用户、开展各种咨询服务等。

二、公共关系活动策划的注意事项

◎ 一起来学

取得成功的公关活动不仅能提升企业形象，累积无形资产，更能促进销售。三分方案策划，七分执行实施，公关活动方案策划有基本的逻辑能够遵照，但也有许多技巧。公关活动策划的注意事项见图6-1。

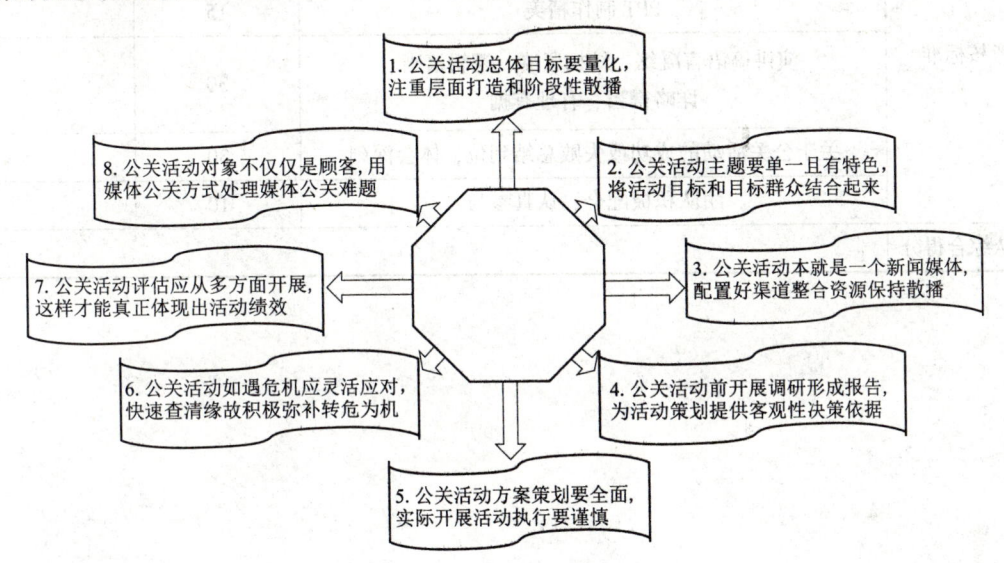

```
1. 公关活动总体目标要量化，注重层面打造和阶段性散播
2. 公关活动主题要单一且有特色，将活动目标和目标群众结合起来
3. 公关活动本就是一个新闻媒体，配置好渠道整合资源保持散播
4. 公关活动前开展调研形成报告，为活动策划提供客观性决策依据
5. 公关活动方案策划要全面，实际开展活动执行要谨慎
6. 公关活动如遇危机应灵活应对，快速查清缘故积极弥补转危为机
7. 公关活动评估应从多方面开展，这样才能真正体现出活动绩效
8. 公关活动对象不仅仅是顾客，用媒体公关方式处理媒体公关难题
```

图6-1 公关活动策划的注意事项

◎ 一起来练

收集某知名企业开展的公关活动案例

【实训目标】

（1）通过搜集知名企业公关活动案例，拓宽学生在公关或者营销领域的知识面，同时让学生学会分析活动的成功之处与失败之处。

（2）提高学生的信息搜集整理能力。

【实训内容】

收集一个知名企业的较经典的公关活动案例（可以是成功的也可以是失败的），并制作PPT，路演。

【实训组织】

（1）学生4人为一组自由组合。

（2）课前以小组为单位搜集知名企业公关活动案例。

（3）制作PPT。

（4）随机抽取学生进行现场演讲，时长不超过5分钟。

【实训考核】

关于"公关活动案例"的分享考核评分表见表6-1。

表6-1 关于"公关活动案例"的分享考核评分表

考核人	教师和全体学生		被考核人	全体学生
考核地点	教室			
考核时长	2学时			
考核标准	内容	分值(分)		成绩
	案例选取是否经典	15		
	PPT制作精美	15		
	演讲稿语言凝练、结构紧凑、逻辑清晰、详略得当、有理有据	30		
	关于公关活动的成功或失败总结到位,体会深刻	30		
	团队积极配合,认真参与	10		
团队综合得分				

任务二　召开新闻发布会

情境导入

公关部王经理正在召集大家开会，为确保明天新闻发布会的顺利进行，再次让大家检查一切准备工作是否都已就绪，并请各个小组负责人汇报一下准备的情况。

任务描述

新闻发布会有哪些流程和注意事项？

在现代社会中，新闻发布活动的典型形式就是新闻发布会。新闻发布会又称记者招待会，是组织机构为发布重大新闻或阐述重要方针政策而专门约请新闻记者参加的会议。

◎ 一起来听

任正非罕见召开记者会：请留给我们一个未来

2018年12月1日，中国电信巨头企业华为首席财务官孟晚舟在加拿大温哥华被捕，根据美加引渡条约规定，美国需要在60天内向加拿大提出正式引渡要求，最后期限是2019年1月29日，但美国特朗普政府迟迟未向法院提交引渡申请。

2019年1月15日，华为创始人及现任总裁任正非罕见打破缄默，召开国际媒体招待会。任正非否认有关华为替中国政府从事间谍活动的指控，称华为从未收到任何政府要求提供不当信息的请求。任正非说，他既爱国也支持中国共产党，但他不会做出伤害世界的事情，他的个人政治理念与华为的商业营运也没有紧密联系。而关于他女儿孟晚舟被扣押一事，任正非就表示很思念女儿，又说华为只是中美贸易摩擦里的一粒芝麻，美国要善待企业和其他国家，这样才能吸引他们在美投资，政府也才能增加税收。

任正非表示："华为不是一家国有企业，我们也不是很在意收益报表，如果（美国）不希望华为出现在某一地域（或领域）的市场，我们可以缩减规模，只要我们能够生存，员工足以为继，只要我们还有未来。"

（资料来源：https://www.sohu.com/a/289293881_734116）

◎ 一起来品

合则两利、斗则两伤，中美贸易关系的本质是追求互利共赢。

一、会前——新闻发布会准备工作

◎ 一起来学

（一）确定会议主题

新闻发布会通常在以下情形下召开：企业新产品问世，新技术开发，新项目合作，开业或倒闭，组织产品获奖，重大纪念活动，重大危机事故，企业对社会做出重大贡献。

一般来说，新闻发布会的主题是根据事件的性质和组织的传播目标来确定的，主题必须明确和单一，切忌含混不清，提炼的标语口号也应该准确精练，便于记者进行报道。

例如：高科公司新闻发布会主题"ICT行业人脸识别新技术新闻发布会"。

（二）确定会议时间和地点

新闻发布会通常在十分必要的情况下才能召开，因此应该尽量错开重大社会活动日和节假日，以免记者不能来参加。具体时间尽可能选周二、三、四，上午10点或下午3点时间为佳。地点应该符合交通便利、设施齐全、环境良好的原则，同时应与所要发布的新闻性质相融合。

（三）确定邀请对象并发邀请函

在确定邀请对象的时候应根据会议的主题、消息发布的范围以及不同媒介如报纸、杂志、电视等，来确定记者的新闻覆盖面和级别，有选择性地邀请有关记者参加。在邀请的时候通过发请柬或者邀请函的形式，邀请对象一旦确定，请柬应提前3~4天送达，临近开会时还应打电话联系确认是否能到场。

高科公司新闻发布会邀请对象见图6-2。

图6-2　高科公司新闻发布会邀请对象

高科公司新闻发布会发出的邀请函见图6-3。

> 请　柬
>
> 尊敬的××先生/女士：
> 　　兹定于2022年8月25日（星期四）上午10:00在重庆高科公司（重庆市沙坪坝区凤天路45号第二会议室）举行ICT行业人脸识别新技术新闻发布会。诚邀您出席！
>
> 　　　　　　　　　　　　　　　　　　　　高科公司新闻发布会会务组
> 　　　　　　　　　　　　　　　　　　　　　　　　2022年8月20日

图6-3　高科公司新闻发布会发出的邀请函

（四）确定主持人和发言人

确定会议的主持人时，要考虑到主持人的作用在于把握主题范围，掌握会议进程，控制会场气氛，促成会议的顺利进行，此外在必要时还承担着消除过分紧张的气氛、化解对立情绪、打破僵局等特殊任务。

发言人要透彻地掌握本企业的总体状况及各项方针政策，面对新闻记者的各种提问，需要头脑冷静，思维清晰，反应灵敏，具有很强的语言表达能力，措辞精确，语言精练、流畅，发表的意见具有权威性。发言人一般由企业主要负责人或部门负责人担任。

◎ 一起来看

新闻发言人应具备哪些素质

新闻发言人要具备六种素质：一是要知晓全局，要充分认识全局的形势，善于站在一定的高度上与公众对话，对国家政治、经济等政策了如指掌；二是要详知实情，要知道新闻事件本身的实际情况，还要知道针对事件的社情民意、舆论动态和可能面临的下一步媒体追踪或传播危机，做到心中有数、随机应变；三是要善于应对，要把握分寸，讲究艺术，因势利导，努力把希望报道的消息传播出去；四是要恪守规律，要把握正确的舆论导向，注意维护国家的、集体的、组织的利益并塑造其在公众心目中的良好形象；五是要精通业务，技巧熟练，心理素质好；六是要冷静、理性、坦诚、包容，特别是在电视镜头面前要注重自身的形象，注意细节，注意肢体语言。此外，要善于全面、理性地认知媒体和记者。

（资料来源：于清教，《解密新闻发言人的职业生态——刀尖上跳舞》）

（五）确定会议资料

会议资料主要包括新闻通稿（含电子版）、发言人的发言提纲和报道提纲、辅助资料。

（1）新闻通稿。主要是详细介绍本次活动的市场背景、活动的深度分析，重点报道企业形象等。形式有：

①消息稿：字数少，一般在1 000字以内，发布起来快，1篇即可。

②通讯稿：篇幅较长，内容充实，一般是深度分析，重点报道。可以从不同角度提供多篇，也可以以答记者问的形式表现。

（2）发言人的发言提纲和报道提纲。由专门成立的小组负责起草，内容全面、准确、简明扼要，提纲的内容应会前在内部通报，以便统一口径。

（3）辅助资料。包括背景材料、图片资料、公司宣传册、参会重要人物、知名人士资料，布置于会场内外的图片、实物、模型、会议播放的音像资料等。

例如：高科公司将提供给媒体的资料用手提袋的形式整理妥当，按顺序摆放，在新闻发布会前发放给新闻媒体，其顺序见图6-4。

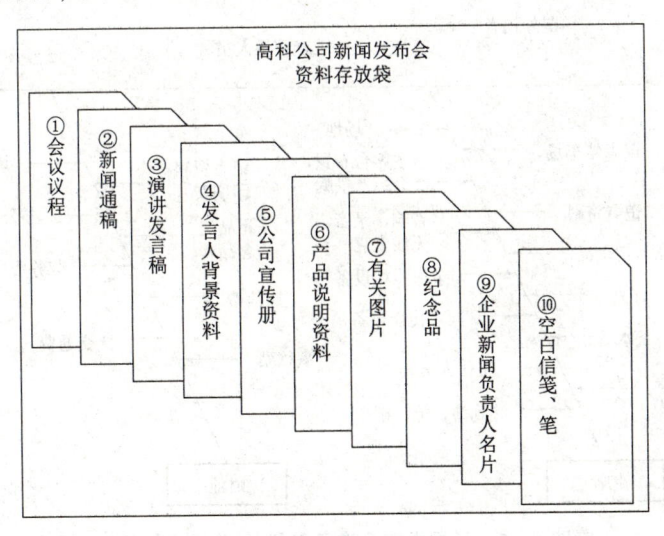

高科公司新闻发布会资料存放袋
①会议议程
②新闻通稿
③演讲发言稿
④发言人背景资料
⑤公司宣传册
⑥产品说明资料
⑦有关图片
⑧纪念品
⑨企业新闻负责人名片
⑩空白信笺、笔

图6-4 资料顺序

(六)确定会议现场服务人员

现场服务人员要严格挑选,从外貌到自身修养均要合格,并注意现场服务人员的性别比例。现场服务人员主要工作包括安排与会者签到,引导与会者入座,准备好必要的视听设备,分发宣传材料和礼品,安排好餐饮工作,茶水服务、摄影拍照工作等。

(七)经费预算

经费包括场租费,会场布置费,印刷品、茶点、礼品、文书用品、音响器材等的花费,邮费,电话费,交通费等,需要用餐时还应加上餐费。总费用应该根据会议的规格和规模以及企业的能力来制定。

◎ 一起来扫

新闻发布会会前准备

总的来讲,新闻发布会的准备工作应做好以下"四流"工作,见图6-5。

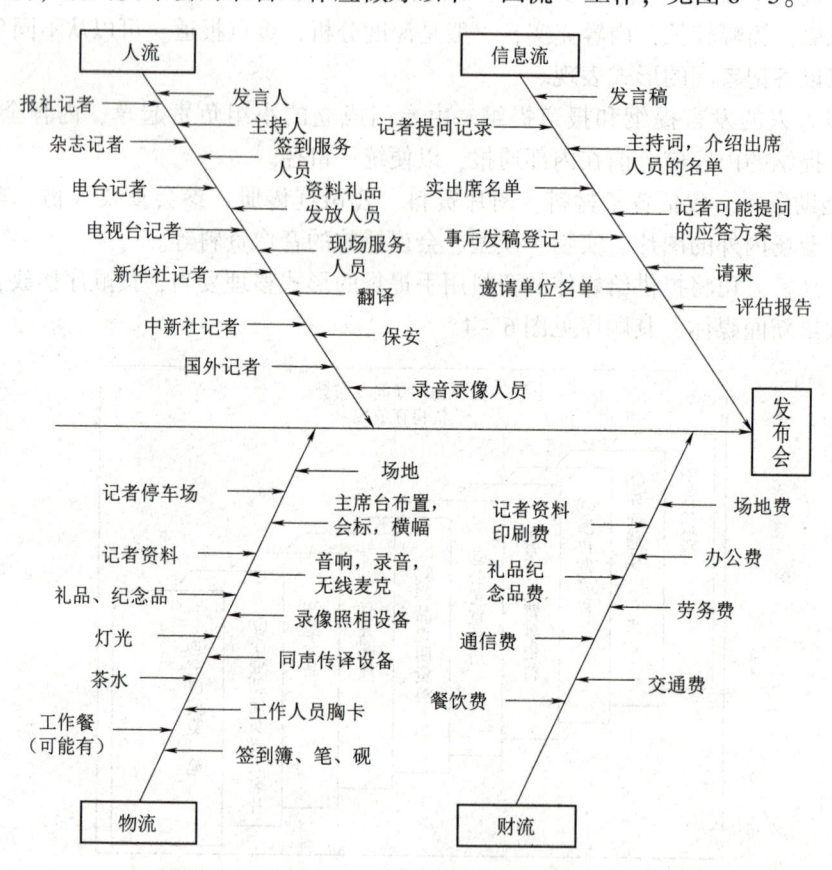

图6-5 新闻发布会准备阶段的"四流"工作

二、会中——新闻发布会程序

◎ 一起来学

1. 来宾签到及分发会议资料

签到处应安排组织的一个主要人物出面迎宾,以表示对来宾的尊重,同时也显示新闻发布会的庄重,此外,还可通过问候寒暄加强接触了解,利于培养彼此的感情。新闻发布会正式开始前,要将准备好的资料发下去,使记者提前对新闻发布会的内容有大致的了解,以便强化与会记者对新闻发布会主题的认识和理解。

2. 主持人宣布会议正式开始

主持人应对新闻发布会的人物、背景、目的等做简要介绍。

3. 发言人讲话

发言要紧扣主题,简明扼要,切忌内容杂、时间长,发言在15~20分钟比较合适。如果同时有几位发言人,应事先安排好顺序,并在内容上各有侧重。如果涉及专业性、技术性的内容,应由职能部门和专家做专题发言。

4. 接受记者采访

发言人应诚恳、明确地回答记者提出的各种问题,每个问题的答案保持在20秒以内最好,不要随便打断或阻止记者的发言和提问。遇到回答不了的问题时,应告诉记者如何去获得圆满答案的途径,而不要简单地说"无可奉告"。对于复杂而需要大量解释的问题,可以先简单答出要点,邀请其在会后探讨。即使是记者带有很强的偏见或进行挑衅性发言,也不要显出激动和失态,说话应有涵养。

◎ 一起来扫

新闻发言人注意要点

5. 主持人宣布会议结束

主持人应对会议做简短的评述,对与会嘉宾表示感谢,传达日后继续合作、希望与新闻界加强友好来往的愿望。

6. 安排其他活动

会后可配合主题,组织记者参观考察,给记者实地采访、拍摄、录像的机会,也可以安排茶话会、酒会、便餐、宴会等招待活动。

◎ 一起来听

容易使发言人掉入陷阱的问题

A. 非此即彼的问题

问:"你们的产品没能如计划推出,是因为设计不合理还是加工不合格?"

答:"都不是。新产品只要使用方法正确,性能没有问题。我们正在修改和简化产品使用说明书。您不久就能看到,市场对该产品的接受程度完全能达到此前我们所预期的水平。"

B. 假设性的问题

问:"如果这一新产品完全失败的话,公司还会继续生存下去吗?"

答:"这种事情不会发生。事实上,我们的研究表明,这一产品会很成功。让我告诉你为什么我这么认为……"

C. 不公平/错误的论断

问:"许多业界分析师认为你们公司股票价格的下滑是由于管理层与业界所发生的变化脱轨。"

答:"我不同意你的说法。我们公司的专业化管理层相当富有创意,并且在许多方面已经显示出领导才能。"

D. 有关第三者的问题

答:"你最好去问他。"或"我不能代他们发言。"

E. 头重型直截了当的问题

问:"你们的业务每况愈下,你本人也因非法经营正在接受司法调查,你身边的得力助手纷纷离你而去。你打算怎样扭转目前的局势?"

答:"我不同意您的看法,我们公司还在发展,而且由于人员素质高、新产品不断推出、销售价格合理等原因,利润也一定会不断增加。"

F. 序列性问题

问:"你的最突出的成就是什么?"

答:"我们有许多出色的成绩。"

问:"我们都知道你所取得的成就,但什么是你最大的错误?"

答:"当然我们过去有过失误。但是,我们早已从失误中学到了不少东西。让我告诉你许多目前令我们深感自豪的事。"

三、会后——情报工作

全面收集与会记者在媒体上发表的文章,将其归类分析,检查有无漏发的信息。主要方法:一是统计已发表的稿件和记者名,计算发稿率,作为今后邀请记者的参考数据;二是对已发稿的记者,给予特别的联系和致谢,加强与他们的友谊;三是电话追踪记者对会议的接待、服务的意见,发现问题,及时道歉。

◎ 一起来扫

新闻发布会会后情报工作

◎ 一起来听

新闻发布制度是项系统工程

新华网时事评论曾称:

新闻发布制度是项系统工程,所以不能单凭新闻发言人一己之力,而要通过机制建设和团队建设来保证新闻发言人不缺位。当前央企新闻发言人均由企业中高层管理人员兼任，属于职务行为而非职业行为。与老练的职业新闻发言人相比，央企新闻发言人如履薄冰、如临深渊的状态，反映出他们履职能力的欠缺。提高个人素质和沟通技巧、提升职业化水平是重要的，但更重要的是央企要真正把新闻发言人职责定好位，因为只有央企准确把握发言人制度的精髓，才可能赋予新闻发言人真正的活力，使其发挥应有的作用。

◎ 一起来练

策划一场新闻发布会

【实训目标】
(1) 根据背景资料，模拟一场新闻发布会，让学生熟练掌握新闻发布会的相关工作。
(2) 提高学生知识转化实践的能力。

【实训内容】
背景资料：国内 A 生物制药企业研制出一种艾滋病疫苗和艾滋病治疗新药"艾而必妥"。该疫苗可注射，也可以采用口服的方式植入人体，植入人体后，三天内即充分产生"抗体"。在被注射人通过各种传播途径接触 HIV 病毒时，"抗体"将自动发挥免疫功能。而艾滋病治疗新药"艾而必妥"则可控制病情，逐步达到治疗（尚不能根治，根治药品正在进一步研究中）的效果。其有效性得到药品管理部门认可，并获得专利。

A 企业准备在国内大规模上市该药品，下一步在国外寻求总代理商，为此他们准备在北京召开发布会。因为该产品填补了国内的空白，而且也走在了世界医药技术的前沿，因此，企业决定花大力气做好本次新闻发布会。

问题：
(1) 在本案例中，该生物制药企业为什么要召开此次新闻发布会？
(2) 该生物制药企业通过召开此次新闻发布会希望达到什么目的？
(3) 该生物制药企业为什么选择新闻发布会这种形式推介新产品？
(4) 请为该生物制药企业此次新闻发布会策划召开时间，并说明原因。
(5) 此次新闻发布会，主持人和发言人应邀请什么人担任？
(6) 请为此次新闻发布会拟订较合适的名称。
(7) 请为此次新闻发布会拟订邀请记者的范围。
(8) 请为此次新闻发布会拟订邀请嘉宾的范围。
(9) 此次新闻发布会的会场选择在哪里比较合适？席位该如何安排？画出草图。
(10) 此次新闻发布会的议程该如何安排？

【实训组织】
(1) 学生 6 人为一组自由组合。
(2) 以小组为单位制作一份此次新闻发布会的策划方案（方案中应明确以上 10 个方面）。
(3) 现场由一人进行方案陈述，并回答提问。

【实训考核】
新闻发布会策划方案的考核评分表见表 6-2。

表6-2 新闻发布会策划方案的考核评分表

考核人	教师和全体学生		被考核人	全体学生
考核地点	教室			
考核时长	2学时			
考核标准	内容		分值（分）	成绩
	新闻发布会策划方案结构完整		10	
	策划方案内容得当，有理有据		25	
	策划方案图文结合，排版精美		10	
	现场方案陈述语言清晰，仪态大方		25	
	现场问题回答正确，说服力强		20	
	团队积极配合，认真参与		10	
小组综合得分				

任务三 举行庆典活动

情境导入

庆典活动也是公关专题的常见活动之一，撰写一份出色的庆典活动策划方案也是公关人员的必修课。经过前段时间在王经理的带领下组织新闻发布会的历练，小妮学到了很多，她觉得自己也应该尝试学习撰写活动策划案，来提升自己的能力。

任务描述

怎么撰写一份完整的庆典活动策划方案呢？

庆典活动，是指组织在其内部发生值得庆祝的重要事件时，或围绕重要节日而举行的庆祝活动，组织一般将其视为一种制度和礼仪。它可以是一种专题活动，也可以是大型公关活动的一项程序。

一、庆典活动的类型

◎ 一起来学

庆典活动在形式上，一般有开幕庆典、闭幕庆典、周年庆典、特别庆典和节庆活动五种形式。

（1）开幕庆典，即开幕式，是指第一次与公众见面、展现组织新风貌的各种庆典活动。
（2）闭幕庆典是组织重要活动的闭幕式或者活动结束时的庆祝仪式。
（3）周年庆典是指组织在发展过程中的各种内容的周年纪念活动。
（4）特别庆典是指组织为了提高知名度和声誉，利用某些具有特殊纪念意义的事件或者为了某种特定目的而策划的庆典活动。
（5）节庆活动是指组织在社会公众重要节日时举行或参与的共庆活动。

二、庆典活动策划方案

◎ 一起来学

一场庆典活动的方案通常包括活动整体思路、活动运作策划、现场执行策略、预算经费方案、活动效果预期和应急预案及其他组成。

接下来，就以服装行业龙头企业 A 公司在 2022 年春季的新产品暨行业交流会庆典活动为例，来学习庆典活动策划方案的制作。

（一）活动整体思路

活动整体思路包括活动背景、活动主题、活动意义、时间地点和执行团队。

◎ 一起来看

1. 活动背景（见图6-6）

背景一　发布新品

在如今产品同质化、媒体资源有限化、传播手段重复化的时代，如何寻找一个符合我们产品定位的传播方式，对我们来说至关重要。

选择做这样一个庆典活动，是符合我们产品的形象定位的，也利于将我们的新产品的影响最大化

背景二　同创 共享

过去的三年全体员工群策群力，团结奋斗，以企业为家，以事业为魂，我司深厚的文化底蕴影响感召了一批批员工不断努力奋斗。

继往开来，我们将以饱满的热情、昂扬的斗志、严谨的态度，确定新的目标，迎接新的挑战，迈向新的辉煌……

图6-6　活动背景

2. 活动主题（见图6-7）

拟选主题1

携手并进 合作共赢

强调合作共赢，与同事协作完成目标；与同行协作做强行业，与客户协作实现利益双赢！

拟选主题2

同创·共享

在创造中分享，回馈客户，回馈社会，实现双赢、分享成功！

图6-7　活动主题

3. 活动意义（见图6-8）

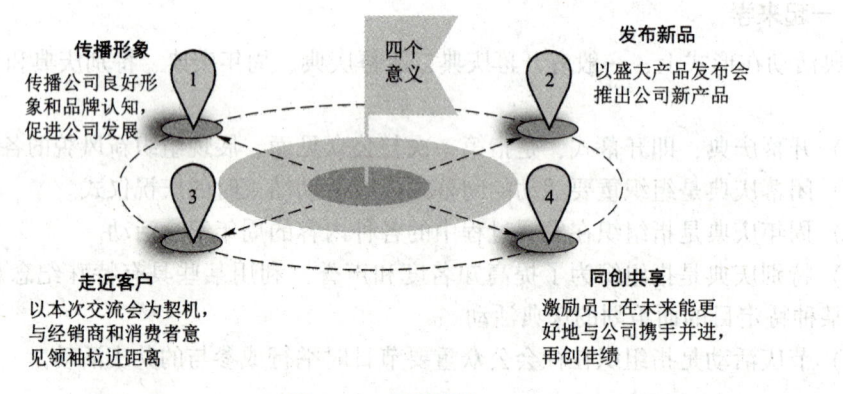

四个意义

1. **传播形象**：传播公司良好形象和品牌认知，促进公司发展
2. **发布新品**：以盛大产品发布会推出公司新产品
3. **走近客户**：以本次交流会为契机，与经销商和消费者意见领袖拉近距离
4. **同创共享**：激励员工在未来能更好地与公司携手并进，再创佳绩

图6-8　活动意义

4. 时间地点（见图6-9）

活动时间：
2022年9月8日—2022年9月10日
活动地点：
重庆市建设大道360号香格里拉酒店四楼

图6-9　时间地点

5. 执行团队（见图6-10）

组长：刘××	副组长：陈×	王××	张××
全盘负责本次活动的策划、筹备、举办、总结工作。协调各方面关系，调动各种所需资源，直接向公司董事会汇报工作	负责策划方案、基础文稿，联络重要嘉宾，协调媒体等工作	负责现场事务，物料准备，联系供应商，协调活动所需的各种资源	负责后勤，联系宾客，安排接待，联系演出等事宜

图6-10　执行团队

（二）活动运作策划

活动运作策划包括筹备进度、活动内容、邀请嘉宾、设置奖项、赞助方案、合作伙伴、文案材料和广告宣传。

1. 筹备进度（见图6-11）

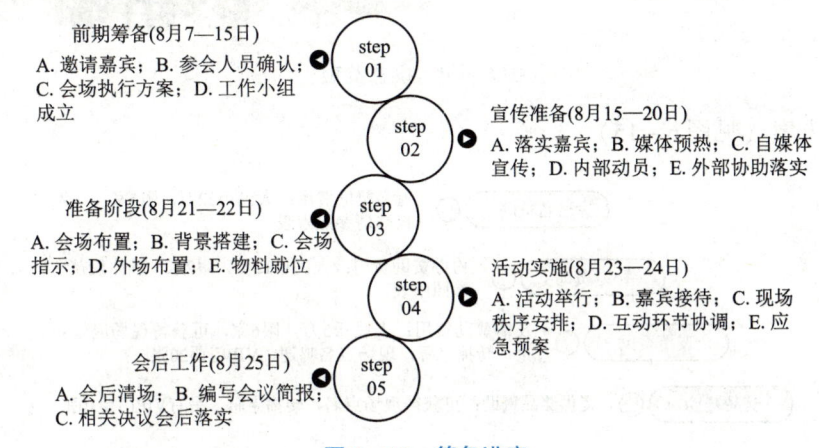

step 01 前期筹备(8月7—15日)
A. 邀请嘉宾；B. 参会人员确认；C. 会场执行方案；D. 工作小组成立

step 02 宣传准备(8月15—20日)
A. 落实嘉宾；B. 媒体预热；C. 自媒体宣传；D. 内部动员；E. 外部协助落实

step 03 准备阶段(8月21—22日)
A. 会场布置；B. 背景搭建；C. 会场指示；D. 外场布置；E. 物料就位

step 04 活动实施(8月23—24日)
A. 活动举行；B. 嘉宾接待；C. 现场秩序安排；D. 互动环节协调；E. 应急预案

step 05 会后工作(8月25日)
A. 会后清场；B. 编写会议简报；C. 相关决议会后落实

图6-11　筹备进度

2. 活动内容（见图6-12）

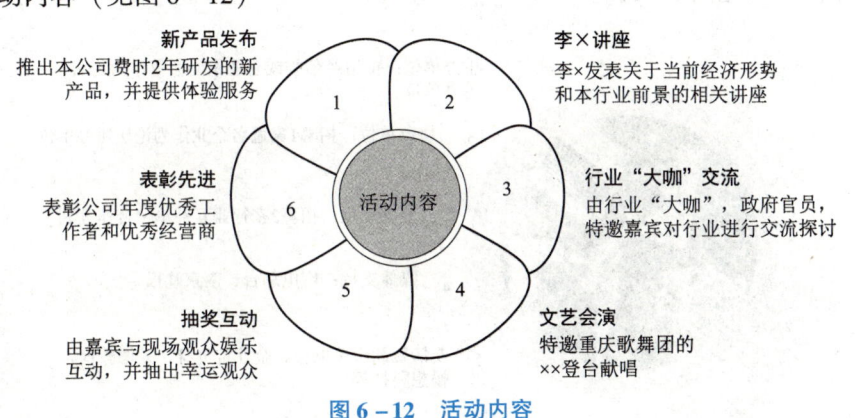

新产品发布：推出本公司费时2年研发的新产品，并提供体验服务

李×讲座：李×发表关于当前经济形势和本行业前景的相关讲座

行业"大咖"交流：由行业"大咖"，政府官员，特邀嘉宾对行业进行交流探讨

文艺会演：特邀重庆歌舞团的××登台献唱

抽奖互动：由嘉宾与现场观众娱乐互动，并抽出幸运观众

表彰先进：表彰公司年度优秀工作者和优秀经营商

图6-12　活动内容

3. 邀请嘉宾（见图6-13）

参与人员：
特约嘉宾、政府相关领导、公司中层以上干部、全体经销商、消费者代表共计800人左右。
媒体支持：
新浪微博、腾讯、大楚网、南京晚报

图6-13　邀请嘉宾

4. 设置奖项（见图6-14）

一等奖
东南亚五日游旅游券(2名)
价值8 000元

二等奖
品牌智能手机(4名)
价值5 000元

三等奖
新世界百货购物卡(8名)
价值3 000元

幸运奖
价值100元左右礼品(20名)

图6-14　设置奖项

5. 赞助方案（见图6-15）

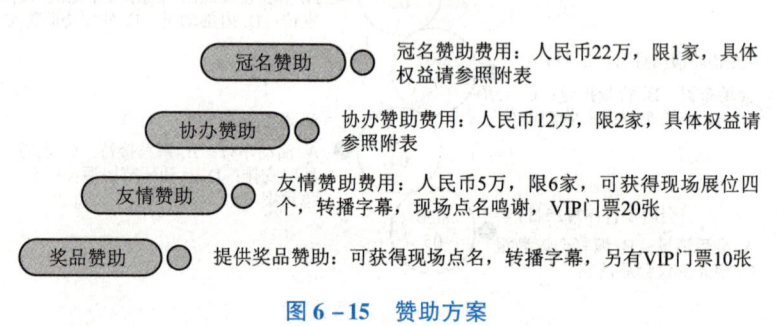

冠名赞助　　冠名赞助费用：人民币22万，限1家，具体权益请参照附表

协办赞助　　协办赞助费用：人民币12万，限2家，具体权益请参照附表

友情赞助　　友情赞助费用：人民币5万，限6家，可获得现场展位四个，转播字幕，现场点名鸣谢，VIP门票20张

奖品赞助　　提供奖品赞助：可获得现场点名，转播字幕，另有VIP门票10张

图6-15　赞助方案

6. 合作伙伴（见图6-16）

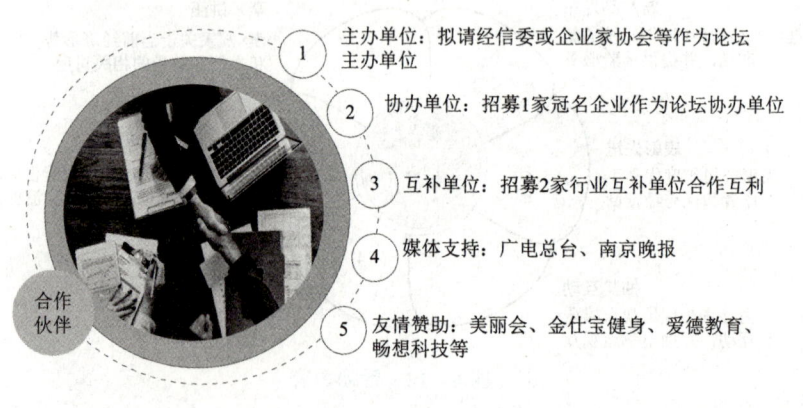

合作伙伴

1. 主办单位：拟请经信委或企业家协会等作为论坛主办单位
2. 协办单位：招募1家冠名企业作为论坛协办单位
3. 互补单位：招募2家行业互补单位合作互利
4. 媒体支持：广电总台、南京晚报
5. 友情赞助：美丽会、金仕宝健身、爱德教育、畅想科技等

图6-16　合作伙伴

7. 文案材料（见图6-17）

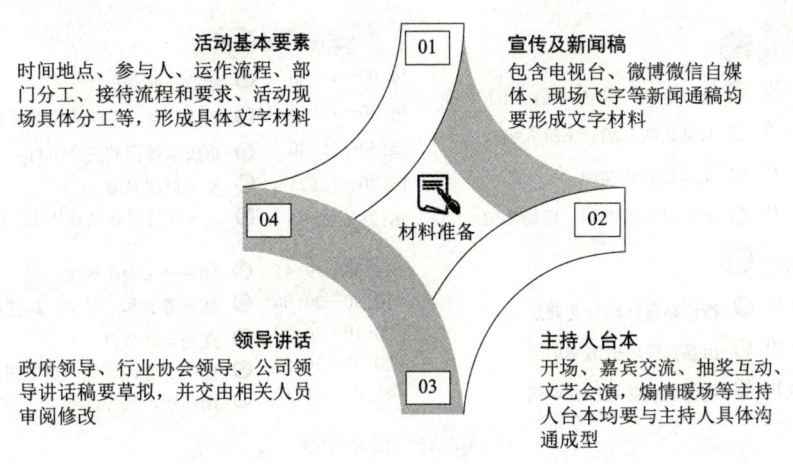

活动基本要素
时间地点、参与人、运作流程、部门分工、接待流程和要求、活动现场具体分工等，形成具体文字材料

宣传及新闻稿
包含电视台、微博微信自媒体、现场飞字等新闻通稿均要形成文字材料

领导讲话
政府领导、行业协会领导、公司领导讲话稿要草拟，并交由相关人员审阅修改

主持人台本
开场、嘉宾交流、抽奖互动、文艺会演、煽情暖场等主持人台本均要与主持人具体沟通成型

图6-17 文案材料

8. 广告宣传（见图6-18）

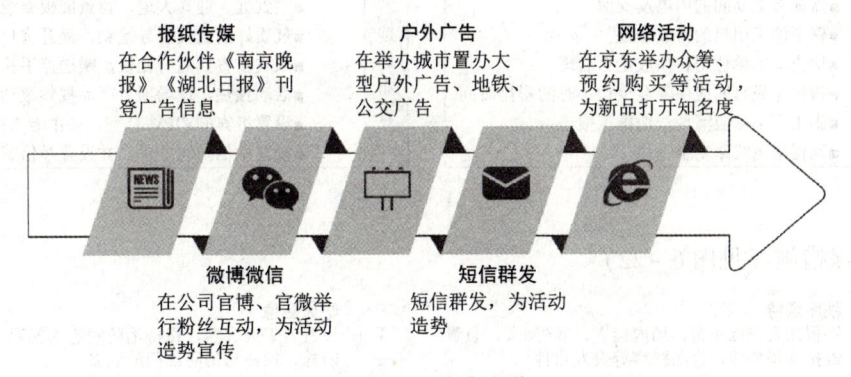

报纸传媒
在合作伙伴《南京晚报》《湖北日报》刊登广告信息

户外广告
在举办城市置办大型户外广告、地铁、公交广告

网络活动
在京东举办众筹、预约购买等活动，为新品打开知名度

微博微信
在公司官博、官微举行粉丝互动，为活动造势宣传

短信群发
短信群发，为活动造势

图6-18 广告宣传

（三）现场执行策划

现场执行策划包括执行策略、活动流程、场地布置、安保措施和后勤工作。

1. 执行策略（见图6-19）

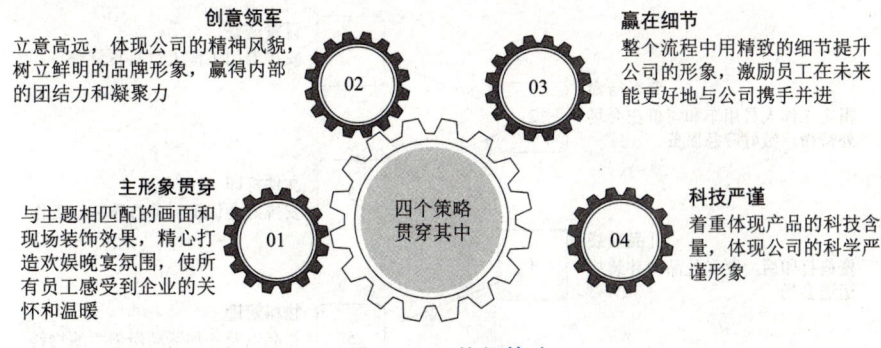

创意领军
立意高远，体现公司的精神风貌，树立鲜明的品牌形象，赢得内部的团结力和凝聚力

赢在细节
整个流程中用精致的细节提升公司的形象，激励员工在未来能更好地与公司携手并进

主形象贯穿
与主题相匹配的画面和现场装饰效果，精心打造欢娱晚宴氛围，使所有员工感受到企业的关怀和温暖

科技严谨
着重体现产品的科技含量，体现公司的科学严谨形象

四个策略贯穿其中

图6-19 执行策略

公共关系与商务礼仪

2. 活动流程（见图6-20）

篇章一
- 9:00—9:30　来宾签到，星光大道，员工采访
- 9:30—10:30　某某乐队开场，主持人出场
- 10:30—10:45　总经理致欢迎词
- 10:50—11:15　新产品性能介绍，现场体验

篇章三
- 17:30—18:30　特约嘉宾分享行业前景
- 17:30—18:50　由嘉宾现场抽出幸运奖
- 19:00—19:30　优秀经销商表彰并颁奖

篇章二
- 14:00—14:30　播放企业宣传片
- 14:30—15:30　欢乐开场，主持人说明节目流程
- 15:30—15:40　重庆歌舞团的三个节目
- 15:40—16:25　员工自编表演
- 16:25—17:00　××领导讲述企业历史，展望未来
- 19:30—19:45　优秀员工表彰颁奖
- 19:50—20:00　抽三等奖和二等奖，颁奖，员工感言
- 20:10—20:20　现场互动节目
- 20:30—20:50　抽一等奖，颁奖，员工感言
- 21:00—21:10　闭幕式，领导讲话

图6-20　活动流程

3. 场地布置（见图6-21）

搭建施工
- ■保证施工期间的用电及安保
- ■保证施工用料的摆放位置
- ■检查施工单位用料摆放是否合理
- ■搭建完成时间应保障至少12小时的彩排时间
- ■施工完毕后应清理一切施工痕迹
- ■确保用电线路安全隐秘

现场布置
- ■签到处、迎宾大道，背景展板要统一
- ■气质好的礼仪引导签到，提升客户体验
- ■来宾在签到后有礼仪，赠送伴手礼
- ■活动预热，现场项目产品视频滚动播放
- ■设置贵宾的VIP休息室，并由专人接待
- ■设置微信扫码登录，并设置微信签到和抽奖

图6-21　场地布置

4. 安保措施（见图6-22）

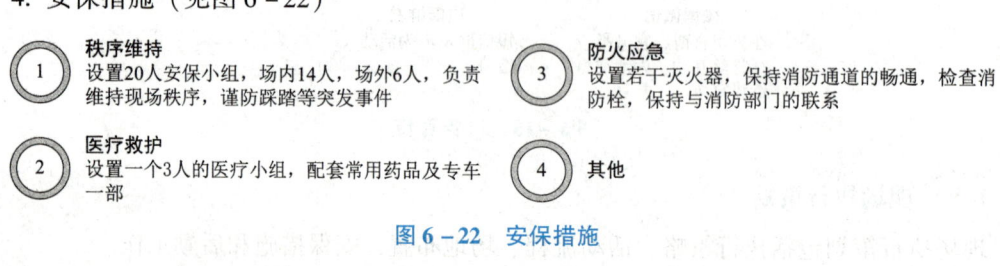

1 秩序维持
设置20人安保小组，场内14人，场外6人，负责维持现场秩序，谨防踩踏等突发事件

2 医疗救护
设置一个3人的医疗小组，配套常用药品及专车一部

3 防火应急
设置若干灭火器，保持消防通道的畅通，检查消防栓，保持与消防部门的联系

4 其他

图6-22　安保措施

5. 后勤工作（见图6-23）

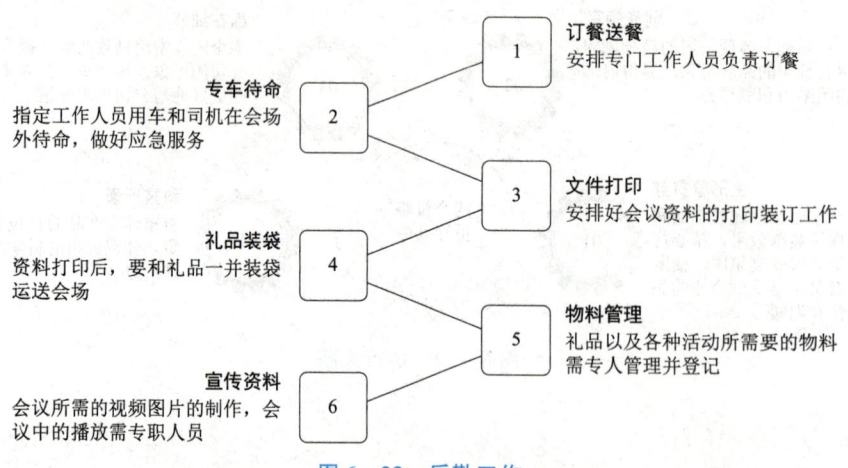

2 专车待命
指定工作人员用车和司机在会场外待命，做好应急服务

4 礼品装袋
资料打印后，要和礼品一并装袋运送会场

6 宣传资料
会议所需的视频图片的制作，会议中的播放需专职人员

1 订餐送餐
安排专门工作人员负责订餐

3 文件打印
安排好会议资料的打印装订工作

5 物料管理
礼品以及各种活动所需要的物料需专人管理并登记

图6-23　后勤工作

(四) 预算经费方案

预算经费方案包括成本预算、资金分配和物料清单。

1. 成本预算 (见图6-24)

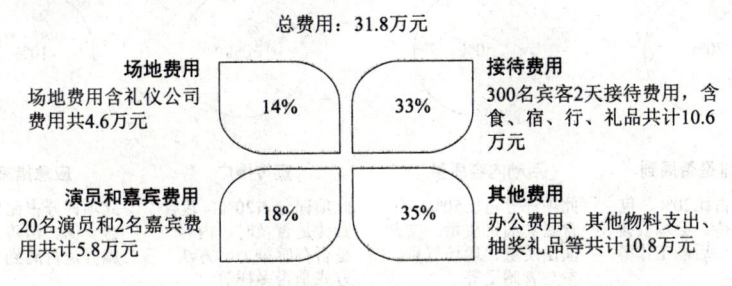

总费用：31.8万元

场地费用
场地费用含礼仪公司费用共4.6万元 —— 14%

接待费用
300名宾客2天接待费用，含食、宿、行、礼品共计10.6万元 —— 33%

演员和嘉宾费用
20名演员和2名嘉宾费用共计5.8万元 —— 18%

其他费用
办公费用、其他物料支出、抽奖礼品等共计10.8万元 —— 35%

图6-24　成本预算

2. 资金分配 (见图6-25)

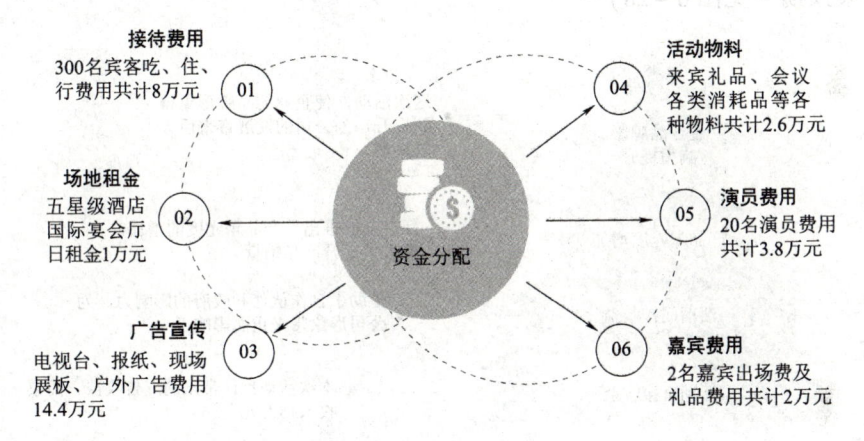

01 **接待费用**：300名宾客吃、住、行费用共计8万元

02 **场地租金**：五星级酒店国际宴会厅日租金1万元

03 **广告宣传**：电视台、报纸、现场展板、户外广告费用14.4万元

04 **活动物料**：来宾礼品、会议各类消耗品等各种物料共计2.6万元

05 **演员费用**：20名演员费用共计3.8万元

06 **嘉宾费用**：2名嘉宾出场费及礼品费用共计2万元

图6-25　资金分配

3. 物料清单 (见图6-26)

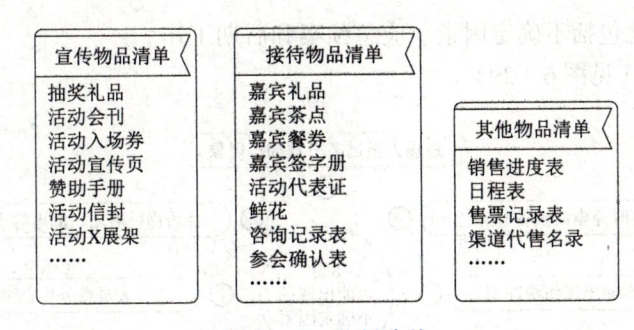

宣传物品清单
抽奖礼品
活动会刊
活动入场券
活动宣传页
赞助手册
活动信封
活动X展架
……

接待物品清单
嘉宾礼品
嘉宾茶点
嘉宾餐券
嘉宾签字册
活动代表证
鲜花
咨询记录表
参会确认表
……

其他物品清单
销售进度表
日程表
售票记录表
渠道代售名录
……

图6-26　物料清单

(五) 活动效果评估

活动效果评估包括评估标准和效果预期。

1. 评估标准（见图6-27）

活动评估标准主要参照以下四项指标

活动安排是否周到 20%
此项评分占比20%，包含来宾接待、会场安排、安保措施、后勤工作等

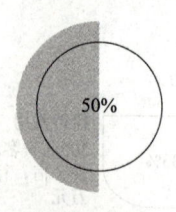

活动内容质量 50%
此项评分占比50%，包含嘉宾演讲质量、文艺演出质量、现场气氛、参与者感受等

宣传推广 20%
此项评分占20%，包含宣传是否及时、内容是否有感染力、方法方式是否多样等

应急措施 10%
此项评分占比10%，包含安保、消防、应急措施等是否周到

图6-27 评估标准

2. 效果预期（见图6-28）

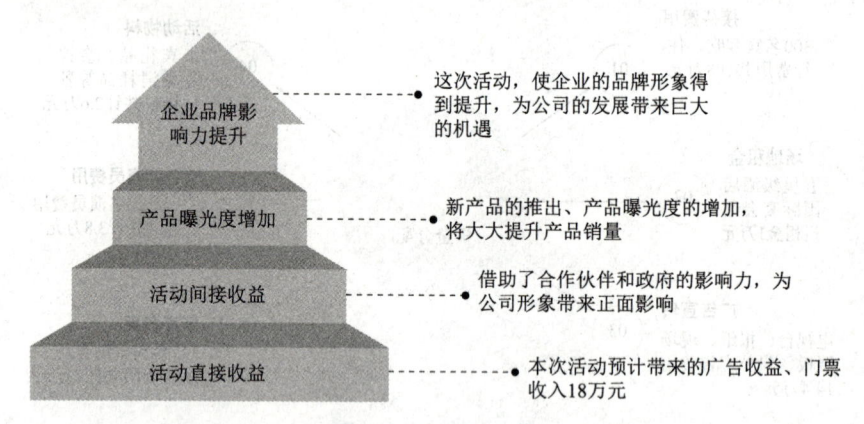

- 企业品牌影响力提升——这次活动，使企业的品牌形象得到提升，为公司的发展带来巨大的机遇
- 产品曝光度增加——新产品的推出、产品曝光度的增加，将大大提升产品销量
- 活动间接收益——借助了合作伙伴和政府的影响力，为公司形象带来正面影响
- 活动直接收益——本次活动预计带来的广告收益、门票收入18万元

图6-28 效果预期

（六）应急措施和其他

应急措施和其他包括不确定因素、应急预案和后期工作。

1. 不确定因素（见图6-29）

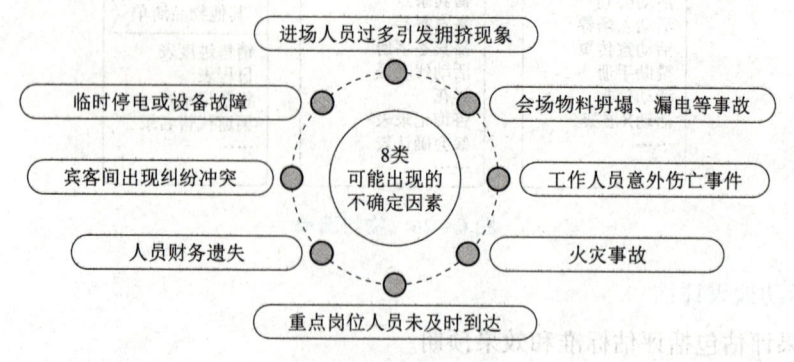

8类可能出现的不确定因素：
- 进场人员过多引发拥挤现象
- 临时停电或设备故障
- 会场物料坍塌、漏电等事故
- 宾客间出现纠纷冲突
- 工作人员意外伤亡事件
- 人员财务遗失
- 火灾事故
- 重点岗位人员未及时到达

图6-29 不确定因素

2. 应急预案（见图 6-30）

① 提前做好计划内的安防工作，与场地方建立密切合作，例如其电力部门，并将联系方式一一备案

② 提前做好舞台的安全测试、音响设施的调试

③ 对于现场的人流及秩序做好预估，并加派合适数量的保安人员，做好安防措施

④ 设立一个专业的突发事件小组，如有突发事件，第一时间进行解决。充分保障现场的沟通，现场配备对讲设备

图 6-30　应急预案

3. 后期工作（见图 6-31）

清场
活动结束，迎送宾客，清理现场，并做好物资收集统计工作

整理资料
汇集活动摄影摄像资料，整理文字资料，发布新闻，做会议简报

总结评估
召开会议，对活动进行总结汇报，对活动效果进行评估

其他
与财务、供应商接洽，完成账务清算，完成其他相关工作

图 6-31　后期工作

◎ 一起来练

举办班级庆典活动

【实训目标】
（1）熟悉庆典活动的不同类型。
（2）掌握庆典活动的工作要领。

【实训内容】
（1）班级学生根据本班实际情况，选择合适的庆典活动主题。
（2）根据选定的主题，举办一次班级庆典活动。

【实训组织】
（1）全班共同讨论，根据本班具体情况与学生的兴趣，分析出适合的庆典活动主题。
（2）根据选定的庆典活动主题，全班进行角色分工，并分配好任务。
（3）举办一次小型庆典活动。
（4）庆典活动结束后，各个角色派出代表在班级交流。
（5）教师总结。

【实训考核】
举办班级庆典活动的考核评分表见表 6-3。

表6-3　举办班级庆典活动的考核评分表

考核人	教师和全体学生		被考核人	全体学生
考核地点	教室			
考核时长	2学时			
考核标准	内容		分值（分）	成绩
	活动主题设置合理		10	
	角色分配合理		10	
	工作任务分配合理		10	
	庆典活动程序完整		20	
	庆典活动效果良好		20	
	小组汇报效果明显		20	
	团队积极配合，认真参与		10	
团队综合得分				

任务四　组织赞助活动

情境导入

赞助活动也是常见的公关专题活动之一，组织通过赞助来承担社会责任，赢得公众的好感和支持。

任务描述

赞助方和被赞助方都有哪些功课需要准备呢？

赞助活动是社会组织无偿地提供资金或物资支持某项社会事业或社会活动，以获得一定的形象传播效益的公共关系专题活动。

一、赞助活动的类型

◎ 一起来学

（1）赞助体育活动。这是赞助中最常见的一种形式，如可口可乐公司赞助历届奥运会，长达80多年。

（2）赞助文化艺术活动。通过赞助电影、电视、戏剧、音乐会、展览、知识竞赛等文化形式来培养与公众的良好感情。如加多宝赞助《中国好声音》，取得了良好的传播效果和声誉。

（3）赞助教育事业。包括设立奖学金、助学金、赞助基本建设等。教育是一种造福子孙后代的大事，赞助它既有助于教育事业的发展，又能获得良好的公共关系，一举两得。

（4）赞助社会各种公益事业。包括赞助社会福利和慈善事业，如捐资设立养老院、出资修路等。

（5）赞助建立某项职业奖励基金。例如见义勇为奖，具有长效性和弘扬正气的优点。

（6）赞助学术理论研讨活动。包括赞助各种国际会议和专题会议、赞助学术著作出版等。

◎ 一起来品

慈善，是道德观念、道德意识、道德情感和道德信念在人的思维意识与行为意识中的统一。

二、主办方寻找和组织赞助的程序

◎ 一起来学

（一）评估活动方案

在开始寻找赞助商以前，需要花一定的时间从以下方面来评估活动方案：

（1）该活动是高品位的吗？

（2）计划是否周详？

(3) 是否新颖、有创意、有趣？
(4) 有无演艺人员参与？
(5) 谁将要参加和出席该活动？
(6) 能否吸引媒体报道该活动？
(7) 是否值得赞助、是否能够吸引赞助商？
(8) 赞助商如何支持活动？活动所需要的支持是什么（资金、设施、服务、志愿者等）？
(9) 是一个赞助商还是多个赞助商？在拟订赞助商时一般要避免相同类别行业中的赞助商之间的冲突。

（二）挖掘和确定赞助商的获利点

在决定活动有赞助价值之后，就需要开始撰写赞助计划书，在计划书中列明所有赞助商的获利点。如果可以，应尽量写明可评估的等同价值，如媒体报道的广告等同价值。

对赞助商有价值的要点一般为：在活动期间，赞助商是否有机会促销产品或服务？对潜在赞助商最有价值之处的展露度如何？活动将会得到媒体报道吗？媒体是什么级别的？活动的地点在哪里？经费有多少？其他宣传方式如T恤衫、门票、横幅、张贴、海报、气球等悬挂物及其他带有公司标记的印刷材料有哪些？其他增值和扩大活动影响的方式有哪些？有无赞助商的员工参与活动的机会？

（三）定义潜在的赞助商

寻找潜在赞助商是一项费时而且需要耐心的工作。任何与活动有关的或者有业务往来的公司都可能成为赞助商，但需要记住：一般不能让相互之间有竞争关系的公司同时成为赞助商。必须考虑活动的类型和规模：目标受众是谁？是否了解他们？活动在一年中的哪个时间段进行？估计参与的人数将有多少？赞助商宣传、展露和参与的机会点在哪里？促销的机会点，如参与人员的资料信息等。必须考虑赞助的形式，比如是现金、实物还是人力？不要忽视实物赞助和提供的服务，这些能抵消成本的赞助形式与现金具有同等价值。结合企业的目标市场和经营目标，根据以上的考虑列出适合本次活动的赞助商名单。

（四）研究潜在的赞助商

在接触一个潜在的赞助商以前，需要对赞助商的业务进行一些研究。比如该公司的经营理念是什么？该公司有没有赞助经费和赞助计划？该公司做预算的时间一般在什么时段？该公司过去所赞助的活动类型是什么？最近相关的媒体报道有哪些？潜在赞助商所在行业的发展趋势怎样？购买和使用其产品或服务的顾客群体是哪些？广告策略如何？该公司在企业形象、宣传推广、顾客关系和经济发展方面的目标是什么？赞助的决策者是谁？我们可以从该公司的年报、报纸杂志、合作伙伴等了解潜在的赞助商的以上信息。

（五）撰写赞助建议书

赞助商的类型一般可以分为独家赞助商、联合赞助商、实物赞助商、媒体赞助商。根据每个赞助商的需要，撰写一份正式的赞助建议书。赞助建议书的内容必须简洁，一般5～6页。建议书的目的有两个：避免对方说"不"和确保下一步的会谈。

◎ 一起来看

××××赞助活动建议书

1 综述

（简单扼要地介绍活动方案，赞助商的宣传点或获益点，赞助商的投资，决策期限。）

2　活动简介

（如果赞助商不了解活动的主办单位，必须对主办单位进行简介，对活动的背景资料，包括构思和主要参与者，如演艺人员，也进行一定的介绍。）

3　活动方案

（详细介绍活动方案，时间、期限、地点、活动项目、参与人数和目标受众；表明活动的目标；包括过去类似活动的资料，如新闻剪报等。）

4　赞助投资方案

（这部分应包括一个详细的赞助内容，现金、产品、奖金、奖品、广告、促销、服务、专业咨询等。每项内容转换成定量的价格。）

5　赞助商的获益点

（明确列出赞助商所有的展露点、宣传机会和获益点；包括无形的利益，如提高组织形象、增加公众认知度等。如果可能，将所有回报进行量化。）

6　决策的期限

（明确表明公司最后答复的日期和联系资料。）

7　附录

（包括其他相关材料，如赞助计划书和大概的预算、推荐函或支持函、新闻剪报、照片、以前活动的方案，以及一切可能增强说服力的材料。）

（六）签订赞助协议书

在所有条款达成一致后，双方需要签订赞助协议书就此确认。对于小型的赞助活动，双方可以简单地签署一个意向书。

（七）维持与赞助商的关系

主办方一定要协调好与赞助商的关系。在每次活动之后应该立即进行一个完整的评估，包括赞助商投资回报的量化总结以及媒体报道的剪报、活动光盘、摄影资料等。总之要注意搜集相关资料反馈给赞助商，让他们得到满意的回报。

三、企业主动争取赞助的程序

◎ 一起来学

企业主动争取赞助的程序见图6-32。

前期的可行性研究	制订赞助计划	具体实施	总结评估
1.活动是否符合公司赞助原则和范围？ 2.活动能否加强和提升公司形象？ 3.活动能否与某一个产品相关联？ 4.参与活动报道的媒体有哪些？ 5.建议书是否包括活动后评估的可测量的目标？ 6.冠名权问题。 7.展露和宣传机会点。 8.赞助金额是否在公司预算之内？ 9.活动能否促进业务增长？ 10.公司参与和管理活动的角色。 11.能否获得活动有关参与者的资料库？ 12.有无时间去实施？	企业应将赞助计划列入企业为其生存和发展创造环境的长期赞助计划，分清所需赞助事业的轻重、缓急，逐步实施。具体包括赞助对象的选择、费用预算、赞助方式和宗旨、赞助实施的具体步骤	1.企业公关部应随时把握社会赞助供求。 2.在进行公关赞助时，应突出社会意义，与广告区别开来，减少商业化痕迹。 3.公关人员应注意在目标公众中树立本公司的形象。 4.根据不同情况来确定赞助的规模，避免那些公众很难感觉到、不成规模的无效赞助。 5.赞助活动贵在坚持，要保持相对稳定性，逐步树立起企业和组织的形象	赞助活动结束后，公关人员应注意跟踪调查此项赞助的效果，看赞助活动是否得到了新闻媒介的广告宣传，是否受到了受益方的感谢，是否获得了重要部门的认可。及时将这一信息反馈给公司高层，并通过恰当方式将此信息传递出去，以扩大赞助活动的效果

图6-32　企业主动争取赞助的程序

◎ 一起来扫

玛莎拉蒂赞助名人赛

◎ 一起来练

某高校学生会寻求赞助商活动

【实训目标】

（1）通过制订赞助计划，使学生体会到企业赞助的重要作用。

（2）掌握赞助的类型、制订赞助计划的要领。

【实训内容】

（1）某高校学生会准备举办一场元旦晚会，但资金不足，外联部准备寻求赞助来解决资金短缺的问题。

（2）根据给定主题，完成一份邀请赞助计划书，并进行路演。

【实训组织】

（1）6人为一组组建团队。

（2）根据给定的赞助背景资料，进行角色分工，并分配好任务。

（3）现场进行赞助的招募路演。

（4）教师总结。

【实训考核】

校元旦晚会赞助计划书的考核评分表见表6-4。

表6-4 校元旦晚会赞助计划书的考核评分表

考核人	教师和全体学生		被考核人	全体学生
考核地点	教室			
考核时长	2学时			
考核标准	内容	分值（分）		成绩
	角色分配合理	10		
	工作任务分配合理	10		
	赞助计划书撰写结构完整	20		
	赞助计划书内容具有吸引力，且具有落地性	30		
	小组路演效果明显	20		
	团队积极配合，认真参与	10		
团队综合得分				

项目六 公共关系专题活动

任务五　组织展会

情境导入

展会也是常见的公关专题活动之一，组织通过参展不仅可以扩大知名度，提升销量，在展会上还能了解同行的相关情况，知晓行业动态。

任务描述

组展商和参展商分别有哪些业务流程？

展会是一种以实物、文字说明、图片、模型、幻灯片、视频等来展示社会组织成果，树立社会组织形象的公共关系宣传活动。它具有直观性、复合性、双向性、新闻性和高效性。展会所提供的专业平台能够有效帮助企业提升其业界领导力，反哺其业务发展的需求。而借助展会平台所聚集的行业媒体资源，施行专业的传播策略，将有效帮助企业四两拨千斤地实现良好的传播效果。

一场展会主要由组展商和参展商以及其他社会职能部门组成。

一、组展商业务流程

◎ 一起来学

组展商业务流程见图6-33。

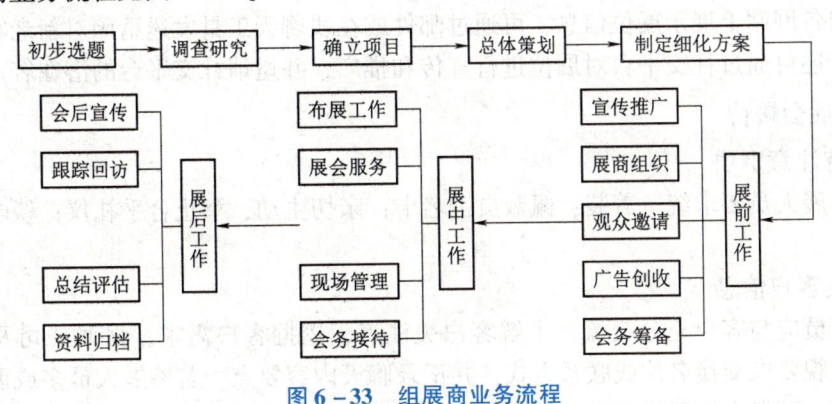

图6-33　组展商业务流程

二、参展商参展流程及准备

◎ 一起来学

企业通常都是参展商，通过参加展会来提高企业产品的知名度，同时在展会上也可以了解到同行业中竞品的相关信息。

（一）展前准备

1. 确认展会信息及预算费用

了解展会的承办单位、举办时间与地点、影响力、往期效果与反馈，最好选择效果比较好、影响力较大的展会。同时与展会代理商了解参展价格及相关费用，并做好展会预算，如展台设计费、差旅费、广告费、宣传赠品费等。

2. 展位选择与布置

（1）选择出口、入口、中厅、休息区、餐饮区、洗手间附近等人流密集地段。

（2）避免死角，长排中段，有墙柱障碍等展位。

（3）对人流方向进行预测，以决定最佳的展台展示方向。

（4）了解附近展位的厂商信息和展示方式，并做出必要的设计调整。

3. 展品选择

展品通常选取公司主打产品，具有技术代表性的产品，较具有竞争优势和能吸引客户的产品。

4. 参展人员确认与分工

根据公司规定来确认参加展会的人员。参展人员需要提前了解展览必要常识（当地风俗礼节、展会性质、目标客户锁定等）、行为规范礼仪、职责分配和合作沟通、活动时间表、产品知识及常规问题的统一回答，确认各项展前工作任务安排与落实。此外，还需要加强学习产品知识及行业知识，了解每一款产品的特性及卖点，加强业务谈判技巧与灵活性。

5. 携带物品与资料

携带物品与资料包括展示样品、空白合同、报价单、证书、产品画册、宣传海报及易拉宝、参展人员名片、名片收集箱、电脑、本子、笔、订书机、计算器、透明胶、咖啡茶水及小礼物。

6. 邀请客户参展

在公司各网站上展示展位信息，可通过邮件或在线聊天工具发邀请函对新老客户进行邀请。此外，还可通过社交平台对展位进行宣传和推广，并邀请社交平台的潜在客户到展位。

（二）展会接待

1. 接待注意事项

全体参展人员要求统一着装；佩戴员工名卡；亲切主动，举止合乎礼仪；谈吐规范，富有热情。

2. 收集客户信息

参展人员应与客户充分交流，了解客户关注点，挖掘客户需求，强调公司及产品的优势，同时礼貌要求交换名片或联系方式，并记录聊天内容要点。若参展人员多或展位客户不多的情况下，可考虑逛展寻找客户并了解行业技术及新品等。

（三）展后跟进与分析总结

1. 客户资料整理与分配

整理好客户名片、联系方式及对应客户的展会现场沟通内容要点，然后按序号编排好客户资料，并转达给同事跟进。

2. 联系跟进客户

业务员需整理好客户资料，了解客户资料背景及需求，及时通过邮件、在线聊天方式或社交平台对客户进行有效跟进。

3. 总结与效果分析

通过展会参观流量、有效客户数量、展会对销售的促进效果、客户对该展会的印象等进行分析与评价，找出此次参展过程中遇到的问题与不足，并提出整改建议，分享给同事们。

◎ 一起来扫

轻型商用车企业如何提升区域展会成效

◎ 一起来看

《专业性展览会等级的划分及评定》商业行业标准

国家原经贸委2002年公布了《专业性展览会等级的划分及评定》商业行业标准。标准中规定了对专业性展览会等级划分和评定的原则、要求和方法。在标准中，把专业性展览会的等级评定为四个级别，由高到低依次是A级、B级、C级、D级。其中，A级包括以下要求：展出净面积不小于5 000平方米；特殊装修展位面积与展出净面积的比值至少达到20%；境外参展商展位面积与展出净面积的比值不小于20%；展览期间专业观众人次与总人次的比值不小于60%；境外观众人次不少于观众总人次的5%；同一个专业性展览会连续举办不少于5次；参展商满意率的评价按"参展商满意率调查表"的调查结果计算，其中总体评价结论为"很满意"和"满意"的数量总和，应不低于参展商总数的80%；专业性展览会期间组织与专业性展览会主题相关的活动。

(资料来源：《专业性展览会等级的划分及评定》)

◎ 一起来练

举办班级展览会

【实训目标】

(1) 了解展览会的不同类型。

(2) 掌握举办展览会的工作要点。

【实训内容】

(1) 班级学生根据本班实际情况，选择合适的展览会主题。

(2) 根据选定主题，举办一次小型班级展览会。

【实训组织】

(1) 6人为一组组建团队。

(2) 全班共同讨论，根据本班具体情况与学生的兴趣，分析出适合的展览会主题。

(3) 根据选定的展览会主题，进行角色分工，并分配好任务。

(4) 举办一次小型班级展览会。

(5) 展览会结束，各个角色派出代表在班级交流。

（6）教师总结。

【实训考核】

举办班级展览会的考核评分表见表 6-5。

表 6-5　举办班级展览会的考核评分表

考核人	教师和全体学生		被考核人	全体学生
考核地点	教室			
考核时长	2 学时			
考核标准	内容	分值（分）	成绩	
	角色分配合理	10		
	工作任务分配合理	10		
	活动主题设置合理	20		
	展览会程序完整	20		
	展览会效果良好	20		
	团队积极配合，认真参与	10		
	小组汇报效果明显	10		
小组综合得分				

项目小结

- 掌握公关专题活动的类型和技巧。
- 掌握新闻发布会的组织流程。
- 掌握庆典活动策划方案的撰写。
- 掌握赞助的活动流程和赞助计划书的撰写。
- 掌握组展商和参展商组织/参加展会的流程和注意事项。

点石成金

新闻发言人面对媒体要真诚、善良和宽容。

一个展会的成功，是主办方、参展商、观众以及社会有关各方共同努力的结晶，相辅相成，缺一不可！

课堂讨论

1. 公关专题活动有哪五大类型？分别举例说明。
2. 新闻发布会的会前组织包含哪些方面？
3. 赞助计划书由哪些部分构成？
4. 一份完整的庆典活动方案的结构是什么？

项目七　公共关系危机管理

📝 项目导学

随着市场经济的发展和竞争的深入，众多可供选择的商品、商家增加了消费者的选择空间，同时也使得企业的竞争压力越来越大，危机无处不在。同时随着信息传播速度的提升，广泛竞争与信息时代给了企业新的挑战，许多危机公关意识不足的企业，即使在突发事件开始时能够保持舆论压制，但一夜之间就会被网络信息披露得呈"摇摇欲坠"之势。面对危机四伏的环境，良好的危机公关可以为企业带来无尽的正效应，使企业危机变为企业发展的转机。

📝 学习目标

职业知识：正确认识危机的特点、类型；掌握危机预警机制的构成、危机处理的四个步骤，以及在处理危机事件中的八大对策。

职业能力：能熟练应用危机的预警机制构建组织的危机预警系统；能应用危机处理的方法处理简单的危机公关事件，培养学生危机事件处理的能力。

职业素质：危机无处不在，通过学习来提高学生的危机意识。当危机发生后，应本着诚实、有担当的态度去有效地处理危机，这是一个人也是一个组织应做的事情。

📝 思维导图

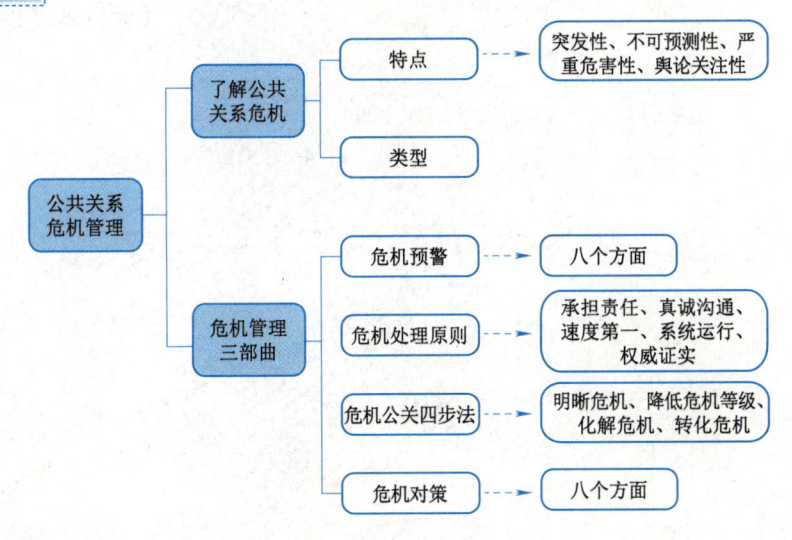

```
                        ┌─ 特点 ──→ 突发性、不可预测性、严重危害性、舆论关注性
        ┌─ 了解公共关系危机 ─┤
        │               └─ 类型
公共关系 ─┤
危机管理  │               ┌─ 危机预警 ──→ 八个方面
        │               │
        └─ 危机管理三部曲 ─┤─ 危机处理原则 ──→ 承担责任、真诚沟通、速度第一、系统运行、权威证实
                        │
                        ├─ 危机公关四步法 ──→ 明晰危机、降低危机等级、化解危机、转化危机
                        │
                        └─ 危机对策 ──→ 八个方面
```

189

公共关系与商务礼仪

> 引导案例

面对谣言刷屏，星巴克的危机公关为何如此轻松？

"星巴克咖啡致癌"的最早消息见于 2018 年 3 月 30 日下午，由一个叫作"澳洲 Mirror"的自媒体首发。3 月 31 日晚，微博上陆续出现"据说星巴克致癌"的消息，宣称咖啡致癌成了洛杉矶高等法院裁定星巴克的原因，标题也转换为"惊了，咖啡致癌？！法院已宣判星巴克"。当日 21 时左右，一些微博网友开始讨论"咖啡是否致癌"。4 月 1 日，传统媒体开始介入，不少专家针对"喝咖啡致癌"这一说法的科学性进行了讨论，并附上了星巴克的回应。

面对谣言刷屏，星巴克启动了危机公关：

第 1 步：举报造谣的微信账号。

第 2 步：给媒体声明。星巴克中国在 4 月 1 日给所有媒体发布了声明，还附上了一份全美咖啡行业协会相关公告的图，具体如下：

星巴克始终坚持为顾客提供高品质及安全可靠的食品与饮料，并致力于让顾客获得优质的星巴克体验。关于该项在美国加州的法律诉讼，您可参考以下全美咖啡行业协会相关公告的中文翻译：全美咖啡行业协会关于加州第 65 号判决的公告。加州第 65 号判决的结果可能导致所有咖啡产品必须贴上致癌警告标签。整个咖啡行业目前正在考虑各项应对，包括继续提出上诉及采取进一步的法律行动。在咖啡产品上贴上致癌警告标签是一个误导消费者的行为。美国政府发布的营养指南中指出，咖啡是健康生活方式的一部分。世界健康组织（WHO）也明确指出咖啡不会致癌。无数学术研究都已经证明了饮用咖啡对健康的益处，并且咖啡饮用者通常更长寿。全美咖啡行业协会的主席及首席执行官威廉·莫瑞表示："咖啡早已被证明是对健康有益的饮品。此次法律诉讼产生了一个可笑的结果，这项第 65 号判决使消费者倍感困惑，并且也无益于公众对健康的认知。"

最高级的公关是顺水推舟，研判形势，发现水流的方向，推一把。相反，最蠢的做法就是逆水行舟，你非要和大家对着干，那就有翻船的可能。

（资料来源：中国公关网）

项目七　公共关系危机管理

任务一　了解公共关系危机

情境导入

在新闻发布会结束后，高科公司针对这段时间举行的公关专题活动召开了总结大会。张总说这次活动举办得很成功，但其中有些环节也出现了失误，好在及时补救没有导致较大的危机出现。希望每一位员工一定要有危机意识，积极防范，尽早打算，化危为安。

任务描述

什么是公共关系危机？

天有不测风云，人有旦夕祸福。在商海搏击的企业，作为市场生态链上的一环，无论你是兔子还是乌龟，都会不可避免地遇到各种各样的危机。

一、危机的含义

组织危机是指由于组织自身或公众的某种行为而导致组织环境恶化的那些突然发生的、危及生命财产的重大事件。

危机公共关系，从静态的角度来看，指灾难或危机中的公共关系；从动态的角度来界定，是公共关系在危机事件中的开发和应用，是处理危机过程中的公共关系。

二、公关危机的特点

◎ 一起来学

1. 突发性

危机常常是在当事者毫无准备的情况下短瞬之间发生的，它给当事者带来极大的混乱和惊恐。

2. 不可预测性

危机常常发生在当事者正常的活动情况下，很难预料，正是这种不可预测性，给当事者处理危机带来了种种困难。

3. 严重危害性

危机不仅给当事者带来巨大的损失，使当事者的正常活动陷于混乱，而且也很可能给公众带来恐惧与惊惶，有时甚至给社会造成直接经济损失。

4. 舆论关注性

危机常常成为社会舆论关注的焦点和热点，它更是新闻媒介最佳的"新闻素材"与"报道线索"，有时它还会牵动社会各界公众的"神经"。

◎ 一起来听

海尔集团原 CEO 张瑞敏说："今天的海尔，像一辆疾驰在高速公路上的车，速度非常快，风险也非常大，即'差之毫厘，谬以千里'。海尔完全有可能在一夜之间被淘汰出局。我们永远战战兢兢，永远如履薄冰。"

◎ 一起来说

说一说你亲身经历过的最大危机是什么？

三、公关危机的类型

◎ 一起来学

（一）从存在的状态看，分为一般性危机和重大危机

（1）一般性危机：主要是指常见的公共关系纠纷。从某种意义上说，公共关系纠纷还算不上真正的危机，它只是公共关系危机的一种信号、暗示和征兆。只要及时处理，做好工作，公共关系纠纷就不会转向公共关系危机，造成危机局面。

（2）重大危机：主要是指企业的重大工伤事故、重大生产失误、火灾造成的严重损失、突发性的商业危机、大的劳资纠纷等。它是公共关系从业人员必须及时处理的真正危机。如产品或企业的信誉危机、股票交易中的突发性大规模收购等，公关人员必须马上应付处理，最好在平时就有所准备。

（二）从归咎的对象看，分为内部公关危机和外部公关危机

（1）内部公关危机：发生在企业内部的公共关系危机称为内部公关危机。内部公关危机发生在企业之内。或者，这种危机的发生主要是由该企业的成员直接造成的，危机的责任主要由该企业内部的成员承担。

（2）外部公关危机：是与内部公关危机相对而言的，它是指发生在企业外部，影响多数公众利益的一种公关危机，本企业只是受害者之一。

（三）从危机带来损失的表现形态看，分为有形公关危机和无形公关危机

（1）有形公关危机：给企业带来直接而明显的损失，凭借肉眼即可观测到这些损失。如房屋倒塌、爆炸、商品流转中的交通事故等造成的人员伤亡或财产损失等。

（2）无形公关危机：给企业带来的损失表现得不明显的危机，称为无形公关危机。给任何一个企业的形象带来损害的危机，皆属于无形公关危机。如果不采取紧急有效的措施阻止，已受损害的企业形象将使企业蒙受更大的损失。

◎ 一起来扫

危机的特征和种类

四、公关危机的成因

公关危机的成因见表 7-1。

表 7-1　公关危机的成因

成　　因	举　　例
组织自身问题造成的危机	埃克森原油泄漏事件
意外事故造成的危机	"亚星一号"发射意外
不利报道引起的危机	康泰克 PPA 危机
外界谣言引起的危机	"香蕉致癌"危机
恶意破坏造成的危机	泰诺被投毒事件
法律纠纷引起的危机	三株口服液风波
社会抵制活动引起的危机	大亚湾核电站风波
自然灾害引起的危机	"5·12"汶川大地震
恐怖主义活动引起的危机	"9·11"事件
军事对抗引起的危机	巴以冲突
公共议题引起的危机	阿斯巴甜的议题

◎ 一起来练

列举你所在学校可能发生危机事件的因素

【实训目标】

（1）通过列举危机事件潜在的因素，让学生认识到危机发生是有苗头的。

（2）提高学生的危机意识。

【实训内容】

列举你所在学校可能发生危机事件的因素。

【实训组织】

（1）4 人为一小组自由组合，观察学校的人、事、物及周边环境，列举出危机苗头和可能会发生危机的因素。

（2）抽取小组进行介绍，说明认为会出现危机的原因是什么，如何去处理以消除该隐患。时长不超过 5 分钟。

（3）教师总结。

【实训考核】

关于所在学校可能发生危机事件的因素的考核评分表见表 7-2。

表 7-2　关于所在学校可能发生危机事件的因素的考核评分表

考核人	教师和全体学生		被考核人	全体学生
考核地点	教室			
考核时长	2 学时			
考核标准	内容	分值（分）		成绩
	可能会发生公关危机事件的因素搜集准确	20		
	原因分析到位，有说服力	30		
	解决隐患措施到位，具有可行性	20		
	课堂展示语言清晰，仪态自然	20		
	小组成员积极参与，配合默契	10		
小组综合得分				

项目七　公共关系危机管理

任务二　熟悉公关危机管理三部曲

情境导入

公关部王经理在部门会议上再次强调了危机公关是本部门的重要职责，应该做好事前积极预防、事中正确处理、事后妥善处置等相关事宜。

任务描述

危机公关三部曲是什么？

危机预警是危机管理的第一步，也是危机管理的关键所在。首先要有危机意识。尽管危机多以突发事件形式出现，发生的概率很低；但突发事件是一种客观存在，从这种意义上讲，危机又是必然的，是无法避免的。而且，由于缺乏准备，危机事件带来的损失往往是巨大的，超常规的，人们会在处理危机过程中花去更多的时间与精力。所以，从思想上重视危机的产生是十分必要的。

一、公关危机的预警

◎ 一起来学

危机预警系统构成主要有八方面，见图7-1。

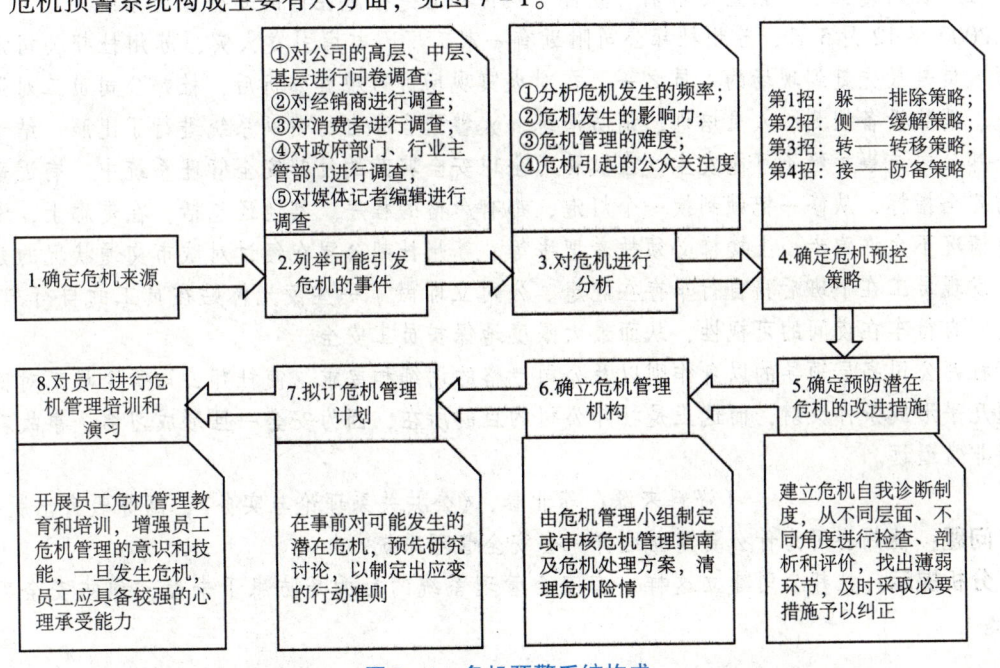

图7-1　危机预警系统构成

◎ 一起来听

周建平——伟达公关中国区总裁

《国际公关》：您认为企业应对危机的关键是什么？

周建平：我认为团队的组成与前期的准备都非常重要。"危机"既包含"危"又涵盖"机"，应对及时、处理恰当的危机公关，也可能是一次企业品牌宣传的机会。

企业先要拥有一套危机处理的系统，提前设定好当有危机发生的时候，如何去面对，由谁来回应。这不仅是一两个负责人的事情，而应当是一个团队要完成的事情。在企业内部从上到下的人员都要有一个危机处理的能力。

在前期准备时，先要预见可能发生的最坏的情况，模拟怎么去处理它，然后不断练习。不单是对外发布信息的官方发言人要准备好，公司上下需要发言的人也要准备好。当然，还需要得到媒体专家、法律顾问等人员的支持。有时候回应一个危机的答案，是一个团队思想的结晶。

假如危机发生时，媒体一个电话打到前台，而前台都不知道应该转给谁，这就是很严重的内部问题，显现出前期的准备不足。我们建议企业尽管没有危机发生，也要保持危机意识。

（资料来源：中国公关网［第54期/对话］，《周应平：应对危机充足准备在先》）

◎ 一起来做

杜邦公司的安全管理系统

美国杜邦公司是世界知名企业，在《福布斯》世界500强企业排行榜上一直位居前列，杜邦公司以化工生产为主，因此特别注意安全管理和各类事故的防范。杜邦公司提出"一切事故都是可以避免的"安全哲学，认为每100个疏忽和失误，会有1个造成事故；每100个事故中，会有1个是恶性的。所以，避免大事故，必须从小处着手。正是基于这样的认识，杜邦公司建立了包括宣传培训、软件、硬件和应急措施在内的安全管理系统。

2000年12月5日，苏州杜邦公司附近有一家工厂因电焊引发火灾，苏州杜邦公司消防管理人员是最先赶到现场的人员之一。在对火灾现场进行观察分析后，杜邦公司员工对消防设施、消防设备检测、人员培训、消防演练、火警预告和自行喷淋系统进行了比照，结论是在杜邦公司该事故绝不可能发生。在被称为全球安全典范的杜邦安全管理系统中，有近乎苛刻的安全指标，从修一把锁到换一个灯泡，都有严格的程序。其他还包括：在走廊上，没有紧急情况不允许跑步；上楼梯必须扶着把手等。苏州杜邦公司在经过对城市交通状况的分析后，发现员工在下班后骑自行车存在隐患。公司立即做了一些荧光标贴在员工的自行车上，以增强自行车在夜间的可视性，从而最大限度地保护员工安全。

杜邦公司高层领导的以身作则以及公司严格的训练和要求，使杜邦公司每个员工对安全问题几乎形成条件反射，而这正是杜邦公司的目的所在，因为安全一旦形成习惯，事故就会变得非常遥远。

（资料来源：苏北春，《公共关系理论与实务》，高等教育出版社）

问题：杜邦公司为什么要建立这样一套安全管理系统？

分析提示：杜邦公司建立这样一套安全管理系统的目的是防患于未然，预防安全事故危机。

◎ 一起来品

预防是解决危机最好的方法。

二、危机公关的处理

2020年，一场突如其来的新冠疫情打破了世界局面，给每个国家带来了前所未有的挑战。这一场危机，考验着每个国家置身危险中的抗压能力与应变能力，以及创新发展的能力。在这场拯救生命与带动经济的过程中，一个国家的秩序是稳定还是混乱，一个国家的经济是繁荣还是衰退，最能看出国家领导人及其身后团队处理危机时的原则态度。所谓危机，就是在绝境中寻找机遇。

◎ 一起来学

（一）危机公关的原则

1. 承担责任原则

武汉在暴发新冠病毒后，国家最高领导层第一时间下令封城，阻隔病毒的传播。同时政府积极开展应对措施：一方面快速解决紧急且重要的问题，号召全国成立支援小队，分配至各疫情重灾区；加强防疫宣传，并及时解决居民衣食住的需求；创建方舱医院，缓解医院人流过密的压力。另一方面，政府通过媒体向公众表达了抗疫决心，弥补疏忽、严密排查，逐步重建公众信心。在隔离期间，通过快手、抖音等社交平台，官民建立近距离的沟通与交流，使人们的恐慌情绪得到排解。

处理危机的第一步，就是敢于承担责任，将人民的利益摆在首位，把危害降到最低。当承担者的决心与行动让公众和媒体看到后，人们的疑虑与不安就会消失，更会受到正面的影响，一起加入扭转局势的活动中。

2. 真诚沟通原则

所谓真诚，有三个核心关键：诚意、诚恳、诚实。

中国政府在抗疫过程中下达军令，凡有瞒报现象，一律严惩。并通过自媒体联手群众一起监督，及时收集民间信息，隔绝病毒传播，对于海外回归的人员不予以特殊待遇。无论哪个城市出现病例，一概追查路径来源，并召开发布会，向外界说明情况。这样的诚意，既是对百姓负责，也能赢得更多支持。

◎ 一起来听

《危机管理》中有一句话："最关键和最有效的解决办法……我们会原谅一个人的错误，但不会原谅一个人说谎。所有的矛盾，都源于问题没有被重视、沟通出现障碍、公众的诉求没有被接收。在这个时候，真诚的态度，主动沟通的意愿，是化解问题最好的钥匙。打通沟通的渠道，让原本堵塞的一方得到疏通，疏而不堵，才能使双方拥有平等对话和相互理解的机会。"

3. 速度第一原则

速度决定事态发展的走势。一般在问题发生的24小时之内，人们会通过微信、微博、头条号、抖音、快手等社交平台，将信息扩散传播。

无论是媒体还是政府，对民众做的第一份声明，都显得尤为重要。2020年1月20日，习近平总书记就新冠疫情作出指示：各级党委和政府及有关部门要把人民群众生命安全和身体健康放在第一位，制定周密方案，组织各方力量开展防控，采取切实有效措施，坚决遏制疫情蔓延。作为国家领导人，在处理危机时要满足"三不"要领：不扩大、不蔓延、不升级。如此高效的回应，除了体现大国领导人的责任与担当，更将全国人民的心紧紧凝聚在一起，令人产生信赖感。

4. 系统运行原则

系统运行讲究的是一种全面与深入。不能害怕麻烦，害怕结果，头痛医头，脚痛医脚，这种治标不治本的方式，会拖延问题的症结，造成更严重的结果。

中国在应对疫情防控方面十分严谨，哪怕是掘地三尺，也要追溯路径，精确落实接触范围。同时启动不同的应对措施，根据目标人群进行分群管理与医治，避免引发新的危机。

5. 权威证实原则

没有权威机构发布的信息，终会引起争议。一旦事情失控，更容易招来责任追究。因此，邀请专业领域的第三方出面很重要，一来树立公信力，二来可以消除民众疑虑。

当武汉疫情引起民间的重视与猜测时，钟南山院士率先赶赴一线，了解病毒的传播途径。作为SARS抗疫英雄，他的出征，以刚正不阿的姿态，让民众吃了一颗定心丸。更有网民评价：钟南山所到之处，没有黑暗。他的权威性，更确定了武汉第一批敲响警钟的医护人员的发现，极具参考性。

◎ 一起来品

新冠肺炎疫情见证了中国共产党的伟大力量，见证了社会主义制度的伟大力量，见证了人民群众的伟大力量，见证了中国新青年的伟大力量，见证了中国军人的伟大力量，见证了党和政府治国理政的伟大力量。

◎ 一起来说

举例说明面对新冠疫情，我国政府在这场危机中做了哪些事情来塑造国家形象。

◎ 一起来做

农夫山泉危机事件始末

农夫山泉在2013年经历了公司历史上最严重的一次公关危机。图7-2为事件的时间轴。

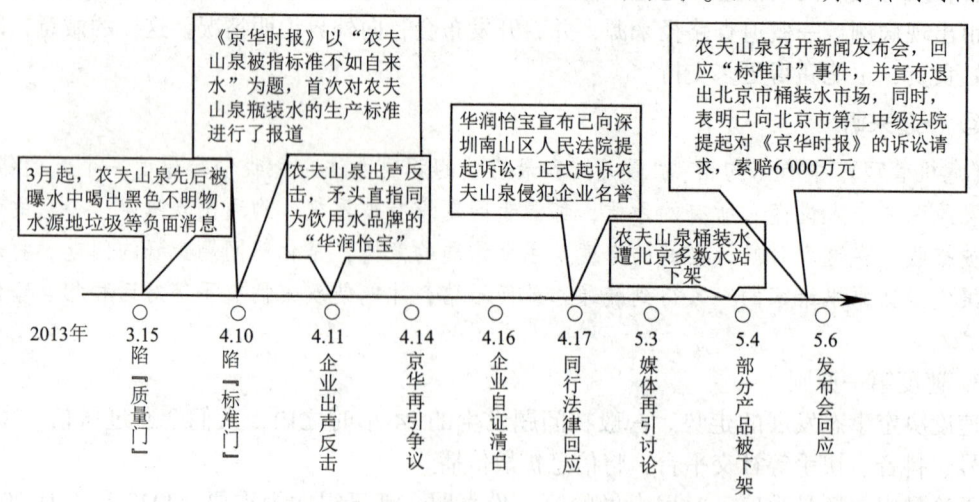

图 7-2 农夫山泉危机事件的时间轴

农夫山泉对整个危机的处理是失败的，很被动，没有从真正意义上来实施危机公关，原因在于违背了危机公关的五个原则。

问题：为什么说农夫山泉"标准门"事件违背了危机公关的原则？

分析提示：第一，忽视了危机公关速度第一的原则。农夫山泉面对《京华时报》在4月10日的报道反应不及时，在11日早上才发出针对此次负面报道的声明，距离《京华时报》的报道发出达28小时，错过了危机处理的黄金24小时，错过了控制危机的最佳时机，使事态进一步恶化。第二，违背了承担责任原则。面对《京华时报》关于农夫山泉水执行标准有问题的报道，农夫山泉直接把矛头指向其竞争对手华润怡宝，试图转移公众视线，而不是给公众一个交代，同时直指《京华时报》为对手操纵的枪手，这无异于一场以整个报纸公信力为筹码的豪赌。第三，缺乏真诚沟通。农夫山泉不断地跟《京华时报》打口水战，指责记者报道不严谨，并且将其告上法庭索赔。在新闻发布会上，董事长面对媒体的质疑态度强硬，不难看出农夫山泉的态度是傲慢的，没有做到与媒体真诚沟通，指责媒体、行业协会、竞争对手，最后使自己成了孤家寡人。第四，缺乏权威证实。企业和行业协会的关系是"鱼水情"，但是在整个危机事件的处理过程中，一直缺少政府相关主管部门的声音，连模棱两可但影响力巨大的"下架"新闻，也只是协会给出的建议。第五，没有系统运作。农夫山泉始终处于被动局面，没有一个切实可行的方案。

◎ 一起来扫

农夫山泉"标准门"事件

（二）危机公关四步法

我们以2020年"腾讯老干妈事件"为例一起来学习危机公关四步法。

1. 明晰危机

具体来说，就是冷静分析危机的来源，以及认清自己所处的位置。腾讯老干妈事件原本是一个很普通的合同纠纷案件，但极不寻常的是涉事双方的特殊身份，以及剧情反转尺度之大、速度之快，可谓让公众目瞪口呆、脑洞大开，一夜之间，腾讯老干妈事件就上了热搜，成为社会关注热点。表面上看这是广告合同纠纷官司，其实是对腾讯和老干妈的危机公关能力的考验之战，危机公关的攻与防在双方之间不断切换：首先是腾讯起诉，老干妈应对；其次，老干妈发声，剧情反转，腾讯化解危机。不管是老干妈还是腾讯，其应对核心都在于找到此次危机的源头。

对箭在弦上一触即发的危机要尽早洞察及全面感知，同时对自己在危机中所处的位置要有足够清晰的认知，为后面的危机公关打下基础。

2. 降低危机等级

尊重事实、主动认错是企业在危机中应有的担当。一般而言，危机公关冷处理有三条路可供选择：

（1）直接甩锅：通过撇清自己的责任，直接甩锅给消费者或者相关的当事人，甚至给社会。以这些消费者是被人利用受人蛊惑,或者这些当事人的操作不代表公司行为,再或者当事人甩锅给社会等说辞来掩盖自身问题。这种处理危机的方式最为蹩脚,也是最不得人心的。

(2) 道歉认错:相比较直接甩锅之外,另一种极端就是拼命道歉认错。这种危机处理方式的唯一好处就是主动道歉,无须争论,最后自然大事化小小事化了,但负面影响很大。有时候企业只要有一次犯错记录,那么污点就从此难以洗刷。

(3) 转移话题:这种方式介于上述两种方式之间,既不直接完全甩锅,也不是一个劲儿地道歉认错了事,而是进行处于灰色地带的模糊操作。一方面,在尊重事实的情况下,无论错误与否,采用诚恳地道歉认错方式处理;另一方面,必须巧妙地将话题转移,对危机进行冷处理。可以说,这种危机处理方式最为巧妙,水平也是最高的。

此次事件中,腾讯采取的是最后一种折中方案。由于理亏,腾讯一上来就道歉认错,并且用一只"傻白甜"的企鹅形象巧妙地将话题转移。

3. 化解危机

对于此事件,腾讯为了有效化解危机,不仅打造出一个"傻白甜"的憨憨企鹅形象,还精心准备对外做了三次回应,这种腾讯式公关堪称教科书级别。

第一次回应在7月1日13点39分(见图7-3),腾讯官方号发了一条动态:"今天中午的辣椒酱突然不香了。"

第二次回应在7月1日17点56分(见图7-4),腾讯公司官方微博发文称:"其实,但是,一言难尽……为了防止类似事件再次发生,欢迎广大网友踊跃提供类似线索,通过评论或私信留言。我们自掏腰包,准备好一千瓶老干妈作为奖励,里面还包含限量版的孤品哦!"

图7-3 腾讯第一次回应	图7-4 腾讯第二次回应

第三次回应在7月1日20点29分,腾讯官方号上传了一个《我就是那个吃了假辣椒酱的憨憨企鹅》的自嘲视频,不到一天时间数次反转,让世人啼笑皆非。

这三次回应表明腾讯公司没有坐以待毙,而是积极应对,不仅转移了公众关注的焦点,还化解了一场史无前例的危机。

腾讯通过这种"自嘲式"危机公关,在化解与老干妈之间尴尬的同时,还赢得了许多年轻网民的同情与好感,公众对腾讯的印象也由之前那种蛮狠霸道、遥不可及的"南山必胜客"一下变为憨憨可爱的小企鹅。可以说,此次腾讯的危机公关可圈可点,算得上是危机公关的经典之作。

4. 转化危机

如果说化解危机，主要是把危机给企业造成的负面影响降到最低，那么转化危机，则是要辩证地去看待危机，从"危"中找"机"，即在危机中寻找新一轮商机的过程。此次腾讯与老干妈事件，腾讯也是在化解危机之后，立即转化危机，与老干妈深入沟通，借势营销，最后双方握手言和，开启合作之旅。7月10日，腾讯与老干妈通过各自官方渠道发布了一则联合声明，宣布双方已厘清误解，未来将积极探索并开启一系列正式合作（见图7-5）。

可以说，这则联合声明，绝对是神来之笔，不仅让腾讯的危机公关得以升华，从化解危机上升至转危为机的新高度，而且这种握手言和的收尾，对危机双方而言都是最为有利的双赢结局。如果腾讯的危机公关仅止步于化解危机阶段，那么腾讯的危机公关水平不过尔尔；只有最后的危机转化——开启与老干妈的合作，才能让这种腾讯式公关成为当前危机公关的经典案例。

声明

近期腾讯与老干妈相关事件受到社会各界的关注。对此，腾讯与老干妈方面联合声明如下：

1. 感谢贵阳公安对于此案件的高度重视和积极行动，让犯罪嫌疑人得以快速落网。腾讯已向法院申请撤回财产保全申请及本案诉讼，并就合同诈骗行为已向贵阳公安报案。腾讯和老干妈双方后续将积极配合相关法律程序的推进。

2. 过去数日内，腾讯和老干妈双方进行了深入沟通，双方已厘清误解。对于事件过程中的种种误会和欠妥之处，腾讯已向老干妈方面当面致歉，后续腾讯将进一步完善相关流程。未来双方也将积极探索并开启一系列正式合作。

3. 由于此事对社会公共舆论资源造成过多占用，我们深表歉意。

深圳市腾讯计算机系统有限公司　贵阳南明老干妈风味食品有限责任公司

2020年7月9日

图7-5　腾讯和老干妈的联合声明

新媒体时代的当下，危机公关表面上看是一种示弱卖萌的自嘲式公关，其实却是一种更大的网络空间借势营销的可能。有人认为，危机公关是营销的最后一道防线，其实不然，危机公关本身就是一种另类营销。因此，企业如何快速反应去化"危"为"机"，主动去借势营销自我，已成为当下企业不得不修炼的一项新技能。

◎ 一起来扫

危机公关四步法

◎ 一起来听

赵明——乐信副总裁

腾讯为什么要自嘲自黑？直接原因当然是，在这种已经惊动了公检法的巨大乌龙面前，任何传统的辩解和掩饰都苍白无力，会被反噬，自嘲或许还能获取部分吃瓜群众的好感。因为，社会化媒体时代，碎片化的、自传播式的网民狂欢，足以吞噬掉任何借口与勉强维持的完美形象，如果试图维持高大全形象，有可能适得其反。

（资料来源：中国公关网［第100期］，《危机公关新思路：与其拼命解释，不如卖萌自黑》）

（三）危机对策与基本技巧

组织危机对策包括八个方面，见图7-6。

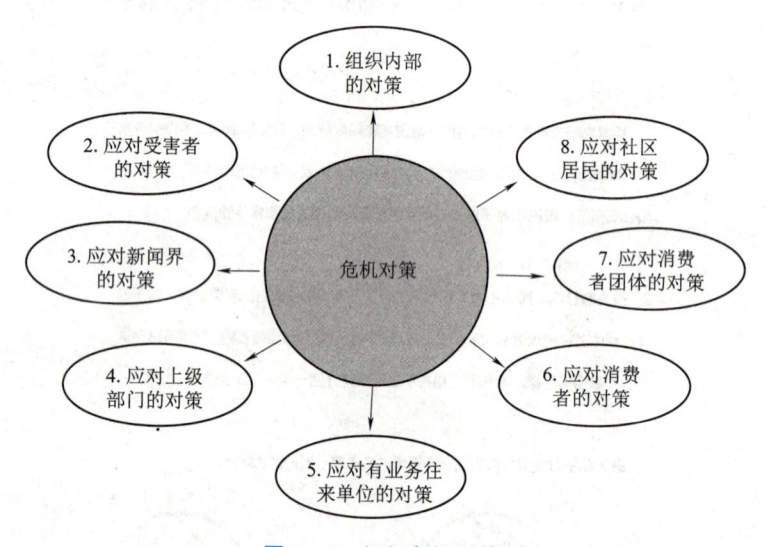

图7-6 组织危机对策

1. 组织内部的对策

（1）迅速成立处理危机事件的专门机构。假如企业已成立危机管理小组，可在该小组的基础上增加部分人员。如果事先没有设置与危机管理小组相似的专门机构，则需要立即成立。这个专门小组的领导应由企业负责人担任。公关部的成员必须参加这一机构，并会同各有关职能部门的人员组成一个有权威性、有效率的工作班子。

（2）了解情况，进行诊断。成立的专门机构应迅速而准确地把握事态的发展，判明情况，确定危机事件的类型、特点、确认有关的公众对象。

（3）制定处理危机事件的基本原则、方针、具体的程序与对策。

（4）急速告知需提供援助的部门，共同参加急救。

（5）将制定的处理危机事件的基本原则、方针、程序和对策，通告全体职工，以统一口径，统一思想认识，协同行动。

（6）向传媒人士、社区意见领袖等公布危机事件的真相，表示企业对该事件的态度并通报将要采取的措施。

（7）危机事件若造成伤亡，一方面应立即进行救护工作或进行善后，另一方面应立即通知受害者家属，并尽可能提供一切条件，满足其家属的探视等要求。

（8）如果是由于不合格产品引起的危机事件，应不惜代价立即收回不合格产品，或立即组织检修队伍，对不合格产品逐个检验，并通知有关部门立即停止出售这类产品。

（9）调查引发危机事件的原因，并对处理工作进行评估。

（10）奖励处理危机事件的有功人士，处罚事件的责任者，并通告有关各方。

2. 应对受害者的对策

（1）认真了解受害者情况后，诚恳地向他们及其亲属道歉，并实事求是地承担相应的责任。

（2）耐心而冷静地听取受害者的意见，包括他们要求赔偿损失的意见。

（3）了解、确认有关赔偿损失的文件规定，制定处理原则。

（4）避免与受害者及其家属发生争辩与纠纷。即使受害者有一定责任，也不要在现场追究。

（5）企业应避免出现为自己辩护的言辞。

（6）向受害者及其家属公布补偿方法与标准，并尽快实施。

（7）应由专人负责与受害者及其家属慎之又慎的接触。

（8）给予受害者安慰与同情，并尽可能提供其所需的服务，尽最大努力做好善后工作。

（9）在处理危机事件的过程中，如果没有特殊情况，不可随便更换负责处理工作的人员。

3. 应对新闻界的对策

（1）如何向新闻界公布危机事件，公布时如何措辞，采用什么样的形式公布，有关信息怎样有计划地披露等，组织内应事先达成共识，统一口径。

（2）成立临时记者接待结构，专人负责发布消息，集中处理与事件有关的新闻采访，向记者提供权威的资料。

（3）为了避免报道失实，向记者提供的资料应尽可能采用书面的形式。介绍危机事件的资料应简明扼要，避免使用技术术语或难懂的词汇。

（4）主动向新闻界提供真实、准确的信息，公开表明企业的立场和态度，以减少新闻界的猜测，帮助新闻界做出正确的报道。

（5）必须谨慎传播。在事情未完全明了之前，不要通过媒体对事故的原因、损失及其他方面的任何可能性进行推测性的报道，不轻易地表示赞成或反对的态度。

（6）对新闻界表示出合作、主动和自信的态度，不可采取隐瞒、搪塞、对抗的态度。对确实不便发表的消息，也不要简单地表示"无可奉告"，而应说明理由，求得记者的同情和理解。

（7）不要一边向记者发表敏感言论，一边又强调不要记录。

（8）注意以公众的立场和观点来通过媒体进行报道，不断向公众提供他们所关心的消息，如补偿方法、善后措施等。

（9）除新闻报道外，可在刊登有关事件消息的报刊上发表道歉广告，向公众说明事实真相，并向公众表达道歉及承担责任的态度。

（10）当记者发表了不符合事实真相的报道时，应尽快向该报刊提出更正要求，并指明失实的地方。向该刊物提供全部与事实有关的资料，派重要发言人接受采访，表明立场，要求公平处理。特别应注意避免产生敌意。

4. 应对上级部门的对策

（1）危机事件发生后，应以最快的速度向企业的直属上级部门实事求是地报告，争取他们的援助、支持与关注。

（2）在危机事件的处理过程中，应定期汇报事态发展的状况，求得上级领导部门的指导。

（3）危机事件处理完毕后，应向上级领导部门详细地报告处理的经过、解决办法、事件发生的原因等情况，并提出今后的预防计划和措施。

5. 应对有业务往来单位的对策

（1）危机事件发生后，应尽快如实地向有业务往来的单位传达事故发生的消息，并表明企业对该事件的坦诚态度。

（2）以书面的形式通报正在或将要采取的各项对策和措施。

（3）如有必要，可派人直接到各个单位去面对面地沟通、解释。

（4）在事故处理的过程中，定期向各界公众传达处理经过。

（5）事故处理完毕，应用书面的形式表示歉意，并向对组织理解和援助的单位表示诚挚的谢意。

6. 应对消费者的对策

（1）迅速查明和判断消费者的类型、特征、数量、分布等。

（2）通过不同的传播渠道向消费者发布说明事故梗概的书面材料。

（3）听取受到不同程度影响的消费者对事故处理的意见和愿望。

（4）通过不同的渠道公布事故的经过、处理方法和今后的预防措施。

7. 应对消费者团体的对策

（1）所有的对策、措施，都应以尊重消费者权益为前提。

（2）热情地接待消费者团队的代表，回答他们的询问。

（3）不隐瞒事故的真相。

（4）及时与消费者团体中的领导以及意见领袖进行沟通、磋商。

（5）通过新闻媒介向外界公布与消费者团体达成一致的意见或处理办法。

8. 应对社区居民的对策

（1）社区是企业生存和发展的基地，如果危机事件给社区居民带来了损失，企业应组织人员专门向他们道歉。

（2）根据危机事件的性质，也可派人到每一户家中分别道歉。

（3）通过全国性的大报和有影响的地方报刊登道歉声明，明确地表示企业敢于承担社会责任、知错必改的态度。

（4）必要时，应向社区居民赔偿经济损失或者提供其他补偿。

◎ 一起来看

表7-3为三鹿集团和蒙牛集团的危机处理比较。

项目七 公共关系危机管理

表 7-3 相同的危机，不同的命运

三鹿集团的危机处理	蒙牛集团的危机处理
1.3 月，到消费者家中进行安抚，要求其不要开口。 2.6 月，投诉信息被删除。 3.8 月，已经秘密召回奶粉，并曝出与百度协议屏蔽负面新闻的"公关计划"。 4.9 月 11 日这天，对外发言一日三变：早上，"没有证据证明三鹿奶粉有问题"；下午，"大约有 700 吨奶粉受到污染"；晚上，"奶农为获得更多利润向鲜奶中掺入三聚氰胺"，把罪责推到奶农身上。	1. 首先是向消费者道歉。 2. 承诺收回所有问题产品。 3. 承诺对染病患者按国家标准的 2 倍给予赔偿。 4. 承诺为今后 5 年内查出由此造成的疾患负责到底。 5. 牛根生在蒙牛全员大会上表态："大品牌要负大责任，无论是与非，无论长与短，我们都要坚决地、彻底地、全面地负责任。" 6. 蒙牛表示："为了承担责任，我们做好了不惜一切代价的准备。" 7. "拯救千万无辜奶农"促销活动。 8. 牛根生发表"万言书"："'三聚氰胺'事件是中国乳业的耻辱，蒙牛的耻辱，我的耻辱。" 9. 全面启动"牛奶安全工程"，公开向全国招募 10 000 名"安检员"，接受消费者的公开监督，并邀请消费者实地现场见证蒙牛透明化生产基地。

（资料来源：霍瑞红，《公共关系实务》，中国人民大学出版社）

◎ 一起来听

赵明——乐信副总裁

最差：应对之后招致更大范围的关注，被挖出更多问题；次之：不回应，造成不负责任的印象；合格：应对之后，取得谅解、舆论逐步平息，企业度过危机；好些：应对之后，舆论加深了对一家企业负责任形象的认知；最高：在问题产生于萌芽状态时，就能够发现问题苗头，及时予以处理，以防止其扩散导致要做危机公关。

（资料来源：中国公关网［第 86 期］，《危机公关有五个层次》）

三、公关危机善后

危机事件平息后，组织一定要进行彻底的反思，总结教训，并对责任人进行追究；还要借此机会进行全面的整顿，以完善各项工作机制。

危机事件的发生严重破坏了组织在公众心目中的形象，使组织最坚实的生存基础受到冲击。因此，组织一方面需要通过有效的补救措施把损失降到最低限度；另一反面要有积极的思维，变危机为良机，实施重塑形象工程，使组织得到更好的发展。

◎ 一起来品

危机是一把双刃剑，能刺伤自己，也能成就自己，关键取决于态度和行动。

◎ 一起来练

搜集分析近期社会上发生的公关危机事件

【实训目标】

（1）通过搜集危机事件，让学生认识到危机发生的经常性。

（2）提高学生处理公关危机事件的能力。

【实训内容】

(1) 以小组为单位搜集近期社会上发生的影响力较大的危机事件。

(2) 厘清危机事件发生的来龙去脉，分析危机事件的特点。

【实训组织】

(1) 4 人为一小组自由组合，课前搜集危机事件资料，制作 PPT 或下载相关视频资料。

(2) 抽取小组进行现场危机事件还原，时长不超过 5 分钟。

(3) 现场答疑。

(4) 教师总结。

【实训考核】

危机事件陈述的考核评分表见表 7-4。

表 7-4　危机事件陈述的考核评分表

考核人	教师和全体学生		被考核人	全体学生
考核地点	教室			
考核时长	2 学时			
考核标准	内容	分值（分）	成绩	
	公关危机事件搜集准确	20		
	公关危机特点分析准确	30		
	演讲精彩、抑扬顿挫、表达清晰、声情并茂	20		
	现场答疑质量较高	20		
	小组成员积极参与，配合默契	10		
小组综合得分				

项目小结

- 准确认识危机的特点和类型。
- 理解并掌握危机公关的五个原则。
- 理解并掌握危机预警系统的构成。
- 理解并运用危机公关处理的四步法和八大对策。

点石成金

危机就如同"纳税和死亡"一样不可逃避。

危机公关上策是承担责任，中策是转移视线，下策是寻找替罪羊。

课堂讨论

1. 危机公关的五个原则是什么？
2. 危机预警系统的构成是什么？
3. 危机事件处理中的八大对策是什么？
4. 请说一说舆情在公关危机中的作用。

项目八　公共关系评估

项目导学

公共关系评估是公关策划工作程序中一个不可缺少的环节，它是在一定原则的指导下，通过一定的方法，对策划方案所达到的社会效果及社会意义作一种价值判断。公共关系评估不但有助于总结经验，力争取得更好的成绩，同时也可以激发策划人员的积极性、主动性和创造精神。

学习目标

职业知识：了解公共关系评估的必要性和重要性；熟悉公共关系评估报告撰写的原则；掌握公共关系评估的程序、标准和方法；掌握公共关系评估报告的内容和格式。

职业能力：能为公关活动制定出科学、可行的公共关系评估标准并开展公共关系评估；能应用报告撰写五大原则撰写一份完整、质量较高的公共关系评估报告。

职业素质：培养学生养成科学、严谨的工作态度，时常"回头看"审视自己的工作，运用正确的方法和严格的程序开展公共关系评估工作。

思维导图

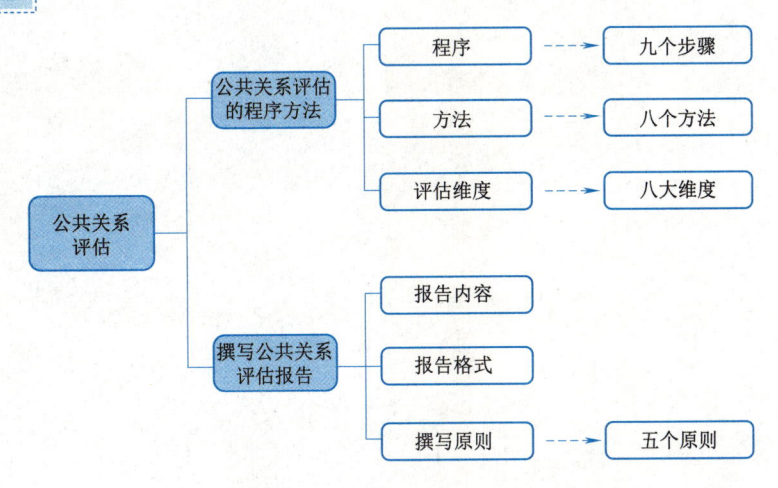

```
                          ┌── 程序 ──→ 九个步骤
            ┌─ 公共关系评估 ─┼── 方法 ──→ 八个方法
            │   的程序方法    └── 评估维度 ──→ 八大维度
公共关系评估 ─┤
            │                ┌── 报告内容
            └─ 撰写公共关系 ──┼── 报告格式
                评估报告      └── 撰写原则 ──→ 五个原则
```

> 引导案例

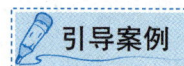

全聚德 135 周年店庆大型活动公关案例——评估篇

项目评估：××××年全聚德集团企业形象公关活动达到了预期的公关目的。

1. "全聚德杯"新春有奖征联活动，历时两个月，共收到应征楹联作品 3 954 副，它们来自北京及以外的 12 个省市自治区。

此次活动把迎春民俗与商业宣传融合为一，把树立"全聚德"品牌形象与中国传统楹联文化有机地结合起来，营造了"以文化树品牌""以文化促经营"的新闻热点，弘扬了全聚德的饮食文化，宣传了品牌文化，在社会上引起一定反响。

2. 提高了全聚德品牌的知名度和美誉度。众多新闻媒体对"全聚德建店 135 周年暨美食文化节"做了全面报道。报道的形式有新闻、照片、侧记、专访。通过媒体报道数量可以看出，这次活动的媒体报道率是相当高的，不仅在国内形成一股全聚德企业形象的冲击波，而且海外媒体把全聚德 135 周年庆典活动的新闻消息传出北京，使其影响力也飞向了世界各地。

3. 全聚德集团通过 135 周年店庆活动也取得了良好的经济效益。由于周年店庆活动的拉动效应，国庆期间集团公司在京 10 家直营店共完成营业收入 703.5 万元，接待宾客 76 325 人次，日平均营业额达 100.5 万元，比上年同期大幅增长。

4. 全聚德品牌发展战略研讨会也明确了全聚德品牌战略目标，即以明星产品全聚德烤鸭为龙头，以精品餐饮为基调，通过高效的资本运营，积极而又审慎地向相关产业领域扩展，力求创造具有中国文化底蕴、实力雄厚、品质超凡、市场表现卓越、享誉全球的餐饮业世界级品牌。

（资料来源：夫子林，《老字号新辉煌——全聚德 135 周年店庆大型活动公关案例》）

项目八　公共关系评估

任务一　掌握公共关系评估的程序和标准

情境导入

在高科公司的会议室，张总说最近公司开展了一些公关活动，包括公关调查和公关专题活动等，接下来请公关部进行一次评估，检验一下活动的效果，同时总结其中的成功经验和失败教训。

任务描述

怎样进行公共关系评估？评估有哪些标准？

一个完整的公关过程，不仅要做充分的公关调查、设计完美的策划方案、创造性地组织实施，而且要检验公关活动开展的效果。

公共关系评估是指公关人员依照特定的标准，对公共关系工作过程的各个环节，如前期准备、调查、策划、实施及效果，进行检查和评价，以判断公关活动优劣成败的过程。公共关系评估影响并控制着公共关系工作实践的各个活动环节，在公共关系工作全过程中具有重要的作用。

◎ 一起来品

许多公关活动的唯一致命弱点，就是没有使最高决策者看到这一活动的明显效果。

一、公共关系评估的程序

◎ 一起来学

（1）设立评估统一目标。即对评估的用途和目的达成一致，用比较来检验公关计划与实施的结果。统一的评估目标，可以减少在评估研究中出现的不必要的劳动，除去无用的材料，提高评估的效率与效果。

（2）取得组织最高管理者的认可，确保组织将评估列入公关计划，能够保障评估的正常有序进行。

（3）在公关部门内部取得对评估研究意见的共识。

（4）细化评估标准，并将项目具体化。从可以观察和可以测定的角度，将目标具体化、精确化，这样可以使公关计划的实施过程更加明确化与准确化。如果设立的目标不能得到实施，目标就没有用处、没有意义。

（5）选择合适的评价标准。公关活动的目标说明了组织期望达到的效果，应针对不同的活动形式和目标，确立评估标准。如果开展的是以改善自己的形象、提高美誉度为目标的公关活动，评估应该将公众对组织的认识、态度的变化作为评估标准。

（6）确定获取数据的最佳途径。获取评估数据的途径和方法并不是唯一的，获取评数据的途径和方法取决于评估的目的、标准。抽样调查、实地实验或活动记录都可能成为获取数据的好方法。

（7）保持完整的计划、实施记录。组织活动记录可以提供大量的评估材料，保持完整的计划实施记录，可以检验策划的可行性程度。

（8）运用评估结果。把评估的结果运用到公关工作的调整上，会使问题的确定和分析更加详细、精确，确保下一个周期的公关活动更为有效。

（9）及时报告评估结果。及时上报评估结果可以保证组织管理者及时掌握情况，有利于组织全面地协调决策，也有利于说明公共关系活动在组织实现目标的过程中所起到的作用。

◎ 一起来扫

公关评估的程序

◎ 一起来做

无形的公关效果

A：本次公关活动的效果怎么样？
B：它们看不见摸不着，你实际上看不到公共关系的结果。
A．我为什么要为了那些探测不到的事情——你所说的"看不见摸不着的结果"而付钱给你呢？
B：因为公共关系与众不同，不能采取像其他部门一样的工作标准。
A：好吧，给你钱。
B：在哪？我没有看见任何钱呀。
A：当然看不见啦，它是感觉不到的——这就是你所说的"看不见摸不着"。
问题：你认为这段对话出了点什么问题？
分析提示：其一，公共关系效果评估难度很大，以致被某些公关人士作为一种借口；其二，公共关系效果评估很重要，它影响到公关评估对象对公关实务工作的"总体评估"。

二、公共关系评估的标准

◎ 一起来学

公共关系评估是一个连续不断的活动，一旦进入公共关系工作过程，评估活动也就开始了。公关评估标准如下：

（一）调查研究过程评估标准

评估标准包括：公共关系调研的设计是否合理；公共关系工作信息资料的收集是否充分、合理；获得信息资料的手段是否科学；公共关系调研对象选择是否具有典型性、代表性；公共关系调研工作组织实施的合理程度；公共关系调研的结论分析是否科学；信息的表现形式是否恰当。

(二) 计划制订过程评估标准

评估标准包括：各项准备工作、沟通协调工作是否充分；计划目标是否科学；计划实施的总体安排、步骤是否可行；日程安排如何。

(三) 实施过程评估标准

评估标准包括：信息内容准确度、信息表现形式、信息发送数量如何；信息被传媒采用的数量、质量如何；接收到信息的目标公众有多少、成分如何、和组织关系有多大；注意到该信息的目标公众数量。

(四) 实施效果评估标准

（1）了解信息内容的公众数量。即对开展公共关系活动前后公众对组织的认识、了解和理解等变量进行比较。

（2）改变观点、态度的公众数量。这是评估实施效果的一个更高层次的标准。因为"态度"所涉及的范围很广，内容丰富而复杂，而且不容易在很短时间内发生变化。评价一个人的态度，要看一段时期内他在所有有关问题上的立场和观点，而不能仅凭一时一事判定一个人的态度发生变化与否。

（3）发生期望行为与重复期望行为的公众数量。评估一项公共关系活动在改变人们长期行为方面取得的效果，需要较长时期的观察，并取得足以说明人们行为调整后不断重复与维持期望行为的有力证据。

（4）达到的目标与解决的问题。这个评估标准是公共关系活动效果评估的最高标准。

（5）对社会经济与文化发展产生的影响。

◎ 一起来看

怎样的"公关评估"才是合格的？

第一，客观、标准化，而非依赖人的经验。

传统方式下，对媒体关系和价值的评估，主要依靠资深媒介人员的判断。其不足，一是主观化，二是处理能力有限。在媒体数量剧增、变动频繁的背景下，上述不足被无限放大；采用客观、统一的标准，是未来趋势，也是现实需要。

第二，量化的数据，而非定性的描述。

定性的"描述"，由于不是量化的数据，无法被加总，因此难以用于对媒体/资源人进行长期、持续的评估。而若用百分制来直观呈现，则不仅解决了上述问题，而且还可以用于对不同媒体/资源人进行横向比较、排序，以及友好度分化系数、友好度趋势等更复杂、也更具决策指导意义的评估。

第三，真正反映"关系"，而非"发布量"。

公关工作业绩应如何展示？传统方式实际上是用监测回收到的"发布量"来衡量的。其实，公关关系，顾名思义，最终关注的应该是"关系"。发布量的大小，并不等于关系的好坏。未来的公关，必须超越监测数据，采用更契合自身工作本质的评估指标。

三、公共关系评估的方法

◎ 一起来学

(一) 个人观察反馈法

这种方法最简单、最常见。具体作法是：企业的主要负责人亲自参加公关活动，现场了解其进展情况和效果，并同公关传播目标相比较，提出评估和改进意见。这种方法的优点是评估反馈迅速，改进意见具体，易于落实。缺点是：很难测出公关传播活动的长期效果。

(二) 舆论调查法

用于评估公关传播活动效果的舆论调查方法有两种：一是比较调查法，即在一次公关活动前后分别进行一次舆论调查，比较先后两次调查的结果，从而分析公关传播活动的效果；二是终结调查法，就是在活动结束时进行一次调查，这种舆论调查的主要目的是确认公关活动在对公众的知识、态度、观念等方面所产生的可度量的效果。

(三) 内部及外部检查法

内部检查法是由企业内部人员对公共关系传播活动进行检查和评价。检查的主要内容有进行的传播工作和取得的成果、目前存在的问题、将来的计划安排等。外部检查法是聘请企业外部的专家对本企业公共关系传播活动进行调查和评价，对企业公共关系传播活动及其效果做出较为客观的衡量和评价，并就未来活动提出建议和咨询。

(四) 民意测验

由盖洛普创立的民意测验法，主要是对问题给予是或不是、知道或不知道的回答，对回答加以计算即可显示出赞同或反对以及表示无特定意见的人数的比例。民意测验法用于了解公众对公司的态度，并在以后的调查中检验这些态度怎样由于公共关系活动而发生了改变。测验的形式包括通过问卷了解有多大比例的公众已经听到过该公司，或者知道它做什么，由此可以与竞争对手的测验结果相比较。

(五) 公众代表座谈会

这是人们比较熟悉、运用比较普遍的一种方法。运用此法应注意：首先，对代表的选择，应尽量选择最有代表性的公众参加；其次，要注意会议议题的确定和表述，议题要明确，表述要清楚，使人有"心领神会"之感觉。座谈会的组织者应审时度势，善于引导，善于提问。重要的会议应予以录像或录音，以便会后研究。

(六) 深度访问

为了了解公众做出某一反应的深层心理和情感原因，公共关系人员可以选择一些对象进行深度访问。这种方法同记者采访新闻人物或与新闻事件有关的人物颇为相似，访问者应受过专门的训练，对怎样提问、先问什么，后问什么，必须很好地把握，只有这样才能获得深层的信息。深度访问获得的资料往往需要访问者本人参与分析研究，因为在访问中许多语境资料是很难用语言描述的，但它们却能深深地留在访问者的印象中，而这些语境资料，对分析、研究整个深度访问获得的资料有着较大的参考价值。

(七) 典型对象连续调查

有比较才有鉴别，典型对象连续调查是了解公众态度变化的好办法。连续调查时间多长没有固定的要求，要根据具体情况来定，短则数日，长则五年乃至十年。在这种调查中，被调查者的积极合作是非常重要的。调查者应采取各种有效的办法，与被调查者建立良好的合作关系。

（八）自我评价法（实施人员评价法）

这是公共关系人员自己对所在企业的公共关系活动的看法和评价。一个优秀的公关策划者，必须经常处于清醒的思想状态中，包括对自己言行的反省。自我评估的过程，不但可以产生与众不同的评估效果，而且有助于公关策划人员本身思想及业务素质的提高。

四、新媒体时代公关活动评估维度

◎ 一起来学

如今的移动互联网时代，一场公关活动在市场上引起的喧哗越大越好，同时还要注意，精准导流、裂变、网红、刷屏、带货成了关键词，公关效果的考核越发多维度，而被大多数企业主所接受的考核维度主要有八个：

（一）媒体传播覆盖量

在公关活动的传播上，媒体依旧是最主要的传播渠道。对于媒体的传播可以细化到新闻通稿发到了哪些媒体，有哪些媒体对通稿改动幅度较大，不同媒体对于活动的报道篇幅字数和排版位置是怎样的，有没有放在头条，所有媒体中行业媒体、网媒、门户网站等分别有多少家，权威媒体、主流媒体、官方媒体又有多少家，累计稿件有多少篇等，这些都需要进行整理统计。这样就能从媒体发稿的角度大致估算出覆盖到了多少人，也能从反馈中知道大众的直观反映和评价。

（二）传播价值分析

一般来说，公关活动不会采用单一的推广渠道，而是多平台多渠道多维度去渗透，对不同渠道进行价值分析主要以精准性和有效性为参考标准。比如某次活动是面向年轻群体，那么它的推广渠道应偏向于微博、抖音等，这样更容易实现精准推广，也能实现有效覆盖。又比如在媒体推广中，不同渠道的价值也不一样，比如找一家央视媒体，报价更高，覆盖量确实更广，但如果自家的活动主要是针对同城的亚文化群体，那么寻求地方媒体比如同城公众号这种，其传播价值明显会更高。在评估环节，通过分析不同渠道产生了怎样的效果，是否精准，是否有效，才能搞清楚哪种渠道性价比最高，为下次活动提供优化方向和方案。

（三）公关指数提升

越大型的活动越能产生较大的社交影响力，比如每年的苹果新品发布会前后，其百度指数、微信指数、微博热搜等都会瞬间疯涨。企业的活动结束后，也要及时检测相关关键词的公关指数，不同的平台指数有没有大幅度上升，在什么时间点达到峰值，不同的平台上关于公关活动的讨论有哪些主流论调，有没有网红参与传播，需不需要进行联络和公关处理等。

（四）千人成本

它是指某公关活动每接触1 000人所需要付出的成本，也就是用整场活动所耗的费用除以覆盖人数再乘以1 000，这个指标用来衡量本次公关活动获取流量的成本高低。不同的活动会采取不同的推广策略，有不同的传播定位、发布内容、媒体策略、传播方法等，这些会导致最终的千人成本差别很大。比如趣头条的推广活动，拉新用户得补贴，实现了四五线城市的疯狂裂变，其千人成本就很低。但是瑞幸咖啡的推广活动，就是新用户首杯免费，虽然也产生了裂变，但其补贴力度过高，其千人成本就高得夸张。

（五）二次传阅率

一场公关活动结束之后，其生命力也不是戛然而止，还会持续存活的，比如媒体的持续跟进报道或转载，又或者某个"大V"跟着转发，活动可能会被一次次提及和重现，这也就意味着品牌的重复曝光，让受众牢牢记住形成传播爆发力，达到公关的目的。二次传阅率是企业非常重视的。

（六）带货转化率

这个数据是最难统计的，也最难反映实际的公关效果，因为很难判断到底哪一部分销售增长是因为此次公关活动所带动的，而且公关活动的拉力也很难在短期内看到效果，毕竟大部分公关活动没有单纯地将卖货放在核心，而是基于多方面考量，比如塑造品牌形象，维持品牌声量等。当然也存在一些公关活动，能瞬间形成爆发式的带货，比如联合网红的推广，李佳琪一分钟5 000只小金条的纪录就是这么诞生的。得益于如今的移动互联网时代，品牌活动结束后，所有数据都能第一时间反馈，比如注册量、下单量、复购率、好评率、客单价等，也能及时地让企业主对带货能力有一个直观的了解。

（七）认可度和影响力提升

企业在做完公关活动后，一定要监测后台对关键词和相关词汇的检索，并整理出舆情报告，了解大众如何看待这场活动，对品牌的好感度是否有上升，如果有负面舆论则需分析原因，必要时开展公关应对。

（八）互动性

特别是社媒平台上的话题性活动，比如微博的话题或者公众号的推文评论区，是企业或品牌开展互动的绝佳区域，应安排专人进行互动提高粉丝的黏性。如今的品牌都讲究年轻化、人格化，开展互动就是输出人设的主要方式。社媒平台作为营销的主阵地，善于与粉丝群体互动，就能形成更积极、亲切的品牌印象和认知，而将互动性纳入效果评估也是为了让企业接下来的公关活动保持更高的参与度。

◎ 一起来扫

移动互联网时代公关活动评估维度

◎ 一起来听

水中捞月般的新媒体公关评估

薛艳君——中国传媒大学国家互联网信息研究院研究员

1. 量的考核

（1）规范乙方完成量。主要表现为主动发布篇次、被转载数、评论数、浏览量等。

（2）转化率的考核。转化率主要是对公关活动销售转换的考核。比如：CPM——按千次展示计费，CPT——按时长计费，CPC——按每次点击计费，CPA——按每次行动成本计费，CPS——按每次销售结算计费，CPL——按搜集潜在客户名单计费，CPV——按新客户增加量计费。

2. 质的判断

例如热门新闻排行榜、网络媒体发布的位置、专题的影响力、热门微博话题排行榜、热门微博等。

3. 量质造势

量质造势主要表现在分享力、传播力和销售力方面。

◎ 一起来练

撰写公关评估方案

【实训目标】

掌握制定公关评估方案的程序及标准，并能够根据具体的案例制定切实可行的公关评估方案。

【实训内容】

选择你所在学校的某一次公关活动，了解其公关活动的基本情况，确定公关评估的内容与标准，并制定一份切实可行的公关评估方案。

【实训组织】

（1）分组：学生3人为一组组队。

（2）要求：撰写一份公关评估方案，需体现评估的内容和标准。

【实训考核】

撰写公关评估方案考核评分表见表8-1。

表8-1 撰写公关评估方案考核评分表

考核人	教师		被考核人	全体学生
考核地点	教室			
考核时长	2学时			
考核标准	内容		分值（分）	成绩
	公关评估方案内容的完整性和必要性		20	
	公关评估方案标准的可衡量性		30	
	公关评估方案结构的完整性		20	
	评估方案的可行性和有价值性		20	
	团队配合，成员充分参与		10	
小组综合得分				

任务二　撰写公共关系评估报告

情境导入

高科公司公关部在张总的指示下经过反复讨论，用一个星期的时间制定了评估方案，现在正在完成人脸识别新技术新闻发布会的评估报告。

任务描述

怎样撰写公共关系评估报告？

一、公关评估报告的内容

◎ 一起来学

公关评估报告具有特定的目的。不同的目的，决定了评估的范围和对象不同，因而，公关评估报告的内容就不完全一样。根据公关评估实践的总结，公关评估报告的内容主要有十个方面，见表8-2。

表8-2　公关评估报告的内容

内容项目	具体内容
评估的目的及依据	即为什么要进行公关评估，通过评估解决什么问题，以及评估所依据的文件或相关会议要求的精神等
评估的范围	公关活动涉及方方面面，为了突出重点、缩短篇幅、利于评估结果的运用，报告必须明确公关评估的范围
评估的标准和方法	在报告中，应说明评估的标准或具有可测量的具体化的目标体系，以及评估过程所采用的方法，比如观察法、问卷调查法、比较分析法、文献资料法、传播审计法等
评估过程	简要说明评估过程是怎么进行的，分哪些阶段。从阅读报告的过程和采用的方法等可以判断评估是否科学、系统、规范、完整等
评估对象基本情况	在报告中，必须明确评估对象本身的情况，包括活动或项目名称、开展时间、实施的基本情况与特点等
内容评估、分析与结论	在报告中写明被评估的公关活动、工作或项目的内容，对运行与执行以及效果、效益进行分析，进而得出客观、公正的结论
存在的问题及建议	评估人根据掌握的实际材料、相关情况，有针对性地提出问题，并提出有利于解决问题的建设性意见
附件	附件主要包括附表、附图、附文三部分
评估人员名单	包括评估负责人；参加评估人员的姓名、职业、职务、职称等。有时为了利于咨询，评估人还需要把电话、通信地址、邮编也写明
评估时间	由于公关活动处于动态的状态下，不同时间评估所得出的结论会不同，因此，评估报告必须写明评估时间或评估工作开展的阶段

二、公关评估报告的格式

◎ 一起来学

公关评估报告没有固定的结构格式。按照评估的目的与要求，公关评估报告的结构可以采用不同的格式，灵活安排结构，结构服从于内容表达的需要。

◎ 一起来看

公关评估报告

1. 封面

（封面的主要内容包括评估报告或项目的题目、评估时间、评估人以及保密程度、报告的编号。题目要反映出评估的范围和对象。排版应醒目、美观。）

2. 评估成员

3. 目录

4. 前言

（反映评估任务或工作的来源、根据，评估的方法、过程以及其他特别需要说明的问题。也有的评估报告把评估的方法、过程等写进正文部分。）

5. 正文

（正文是评估报告最重要最主要的部分，也是评估报告书的主体。它包括评估的原则、方法、范围、分析、结论、存在的问题、建议等。）

6. 附件

（附件内容是对正文内容的详细说明和补充，是正文的证明材料。）

7. 后记

（主要说明一些相关的问题。比如报告书传播的范围、致谢参加人员及相关单位等。）

三、撰写公关评估报告的原则

◎ 一起来学

公关评估报告是对公关活动或工作的书面评价，是对已做的公关工作的总结，是公关评估结果运用的依据。为此，公关评估报告除了要遵循科学性、公平性、真实性等原则，还应符合以下要求：

（一）针对性

公关评估报告的针对性很强。可以是综合项目评估，也可以是单项活动的评估。为了解决工作的实际问题，最多的情况是单项活动的评估，如庆典活动、赞助活动、展览活动、产品推广活动、危机处理效果等。

（二）完整性

公关评估报告的完整性主要有三方面的内容：一是按照公关评估报告的内容，对评估工作的目的、对象、原则、依据、方法、结果等进行全面的概括；二是正文内容与附件资料要配套一致，尤其要注意附件资料要起着完善、补充、说明正文的作用；三是被评估的范围和对象要做到完整无缺、无一遗漏。

(三) 及时性

公关评估具有较强的时效性，公关活动及面临的环境也在不断地变化。因此，在公关活动开展结束之后，评估人员应及时写出公关评估报告，否则容易失去评估本身的意义。

(四) 客观性

公关评估报告是一种公正性的文件。在撰写报告时，必须真实、客观，有理有据。要避免空泛议论或掩饰缺点，应力戒片面分析或夸大其词。

(五) 独立性

在撰写公关评估报告的过程中，通常要与公关活动主办单位的部分领导、员工等接触，评估人在做出结论时，要避免受到他们主观意志的影响，在评估报告中，必须反映自己的独立评估结论。

◎ 一起来练

撰写公关评估报告

【实训目标】
(1) 掌握公关评估报告的写作格式。
(2) 提高学生撰写公关评估报告的能力。

【实训内容】
以小组为单位为给定背景资料撰写一份公关评估报告。

【实训组织】
(1) 分组：学生3人为一组组队。
(2) 背景资料如下：

"M酒业抗震救灾献爱心"公关活动

事件营销对于白酒企业来说，是一个低成本的传播方式，既能提高知名度，更可以提高影响力。下面是某白酒企业（称M酒业），在汶川大地震发生后策划的一场公关活动，效果甚好。以下是具体方案：

汶川大地震，死难人数不断攀升，每一个新增死亡人数都揪动着国人的心，每一个救援行动都一次次感动着我们，政府与军队已实施救援，企业和民间组织纷纷捐款，国泰民安，离不开中国优秀企业的贡献！爱心企业应积极行动起来，为那些急需救援的民众提供力所能及的帮助，M酒业应积极响应，率先投入行动，利用多种形式奉献爱心，履行企业社会责任，树立企业良好公众形象。

一、活动主题：抗震救灾，M酒业献爱心。
二、活动目的：
1. 抓住此次公众事件机会，利用多种赈灾救援献爱心活动，树立企业良好公众形象；
2. 利用现场活动、媒体报道、宣传软文扩大影响力，提高品牌知名度和美誉度；
3. 为后期高端品牌进入市场奠定消费者基础。
三、活动内容：
1. 倡议政府组建企业抗震赈灾联合会，号召当地爱心企业行动起来，为灾区民众捐款捐物；
2. 凡在指定时间内在活动酒店或在活动现场消费或购买任一款M酒业产品，所得收入均全部捐献中国红十字会；

3. 组织 M 酒业员工统一献血。

四、活动地点：××广场、20 家酒店。

五、活动时间：5 月 13—18 日。

六、活动细则：

1. 成立抗震献爱心应急小组，组长为张总；副组长为李经理、王厂长；组员为销售部与市场部所有人员；

2. 联系政府、媒体、红十字会、献血站，倡议献爱心活动；

3. 联系广告公司制作相关物料；

4. 13—18 日在××广场举行义卖活动，同时举办 M 酒业员工集体献血活动，提前 2 天通知媒体进行报道；

5. 选择市内 20 家酒店于 13—18 日举行义卖活动；

6. 19 日统计销售收入，联系相关单位转交中国红十字会。

七、物料准备：

1. 广场活动现场：

气模：1 副（标语：抗震救灾　M 酒业献爱心）。

易拉宝：2 副。

绶带：2 副（标语：国家有难　匹夫有责）。

宣传单页若干。

2. 活动酒店：张贴海报。

3. 后续软文炒作。

（标题范例：《M 酒业告全市爱心企业书》《抗震救灾，M 酒业员工积极献血》《M 酒业义举博广泛赞誉》《社会各界热议我市某企业赈灾义举》）

八、活动效果：6 天义卖达 10 万元，全部捐往灾区。由于是第一家举行义卖的白酒企业，多家媒体争相报道，再配上软文宣传，M 酒业品牌在当地的品牌形象迅速提升，活动后酒店、商场超市销量大幅攀升，有多家经销商找到厂家谈合作，甚至外地的经销商也慕名而来。

（资料来源：http：//www.xihuli.cn）

【实训考核】

撰写公关评估报告考核评分表见表 8-3。

表 8-3　撰写公关评估报告考核评分表

考核人	教师	被考核人	全体学生
考核地点	教室		
考核时长	2 学时		
考核标准	内容	分值（分）	成绩
	评估报告格式规范，内容全面	20	
	评估报告评价客观、公正	30	
	评估报告对实践具有指导作用	20	
	实训过程中态度端正	20	
	团队配合，成员充分参与	10	
小组综合得分			

项目小结

- 理解公共关系评估的重要性。
- 掌握公共关系评估的程序、标准和方法。
- 应用五大原则撰写一份内容完整、格式正确的公关评估报告。

点石成金

公共关系评估是定量与定性的结合。

统一的评估目标是评估人员开展评估工作的参照系。

课堂讨论

1. 公共关系评估的程序是什么？
2. 公共关系评估报告撰写有哪些原则？
3. 公共关系评估的方法有哪些？
4. 你认为公共关系评估工作可以由哪些人员担任？

参考文献

[1] 朱崇娴. 公共关系原理与实务 [M]. 3版. 北京：高等教育出版社，2019.
[2] 曹艳红. 公共关系理论、实务与技能训练 [M]. 北京：中国人民大学出版社，2019.
[3] 霍瑞红. 公共关系实务 [M]. 3版. 北京：中国人民大学出版社，2020.
[4] 杜明汉. 商务礼仪——实务、案例、实训 [M]. 北京：高等教育出版社，2012.
[5] 徐汉文. 公共关系理论与实务 [M]. 3版. 北京：高等教育出版社，2021.
[6] 李玉珊. 商务文案写作 [M]. 4版. 北京：高等教育出版社，2020.
[7] 王玉苓. 商务礼仪 [M]. 2版. 北京：人民邮电出版社，2018.
[8] 马庆霜. 公共关系实训 [M]. 北京：北京理工大学出版社，2013.
[9] 周小波. 公共关系学 [M]. 北京：北京理工大学出版社，2018.

参考文献

[1] 秦惠民. 公共文化服务法专论[M]. 2版. 北京: 中国政法大学出版社, 2016.
[2] 李少惠. 公共文化服务: 多学科的视角[M]. 北京: 中国人民大学出版社, 2017.
[3] 胡税根. 公共政策学[M]. 3版. 北京: 中国人民大学出版社, 2020.
[4] 巫志南. 中今互鉴——完善现代公共文化服务体系研究[M]. 北京: 商务印书馆, 2022.
[5] 李国新. 公共文化政策研究[M]. 上海: 上海: 上海交通大学出版社, 2012.
[6] 李国新. 图书馆法导论[M]. 4版. 北京: 高等教育出版社, 2020.
[7] 王宏, 沈望舒. 文化学[M]. 2版. 上海: 上海: 人民出版社, 2015.
[8] 赵迎芳. 公共文化服务[M]. 北京: 北京师范大学出版社, 2017.
[9] 胡守勇. 公共文化学[M]. 武汉: 湖北: 湖北经济与工大学出版社, 2018.